浴衣造型

娃娃服裝穿搭與製作技巧

chimachoco
ちまちょこ

前言

「浴衣」比和服輕便，選布料也簡單，還沒有襯裡，素材是棉布的很好縫！用略大的手帕或手巾、不再穿卻捨不得丟的上衣等……，只要有薄的棉布就能做出來，想必能讓大家更輕鬆愉快地投入製作。

為了能更樂在浴衣的搭配中，還介紹了穿搭小物。請做更多的小物來享受各種穿搭吧！

Chimachoco

與娃娃作家 mel 的合作企劃
「chimacomo」新加入長相可愛的生力軍小漫畫。
詳情請參閱 mel 或 chimachoco 的網站喔！

chimachoco
https://www.chimachocodoll.com/
instagram → chimachoco

mel
娃娃作家。以「獻給愛做夢的女孩子，可愛又淘氣，有點不可思議的朋友」為主題，製作一時興起就會誕生的娃娃。
https://www.melmelmeelme.com/

目次

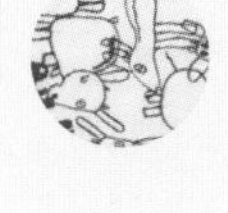

〔製作方式〕浴衣 P33、腰帶 P39、圍裹裙 P76 〔紙型〕附錄 原尺寸紙型 A、P93
〔model〕LiccA（Olive peplum 款式） 〔捧花、髮飾製作〕Pivoine

〔製作方式〕浴衣 P33 〔紙型〕附錄 原尺寸紙型 A
〔model〕Tiny Betsy McCall (Vintage)

〔製作方式〕浴衣 P33、腰帶 P39、面具 P87　〔紙型〕附錄 原尺寸紙型 A、P87
〔model〕ruruko

〔製作方式〕浴衣 P33、腰帶 P39、髮飾 P87、手套 P92、包包 P80　〔紙型〕附錄 原尺寸紙型 B、P93
〔model〕momoko (Custom)

〔製作方式〕浴衣 P33、腰帶 P39、髮飾 P85、袖套 P92　〔紙型〕附錄 原尺寸紙型 A、P93

〔model〕momoko

〔製作方式〕浴衣 P33、腰帶 P39、髮飾 P88、手套 P92、分趾襪 P48、包包 P80
〔紙型〕附錄 原尺寸紙型 A、B、P81、P93　〔model〕Licca

〔製作方式〕浴衣 P33、腰帶 P39、假領 P77、髮飾 P88、飾品 P91、包包 P78
〔紙型〕附錄 原尺寸紙型 A、B、P93　〔model〕EXcute (Chiika/Custom)

〔製作方式〕甚平（兒童和服）P49、髮飾 P85、網襪 P92、飾品 P91 〔紙型〕附錄 原尺寸紙型 A、P93
〔model〕EXcute (Chiika/Custom) 〔玩偶製作〕mel

〔製作方式〕甚平 P49、浴衣 P33、腰帶 P39
〔紙型〕附錄 原尺寸紙型 A、B
〔model〕Mini Sweets Doll

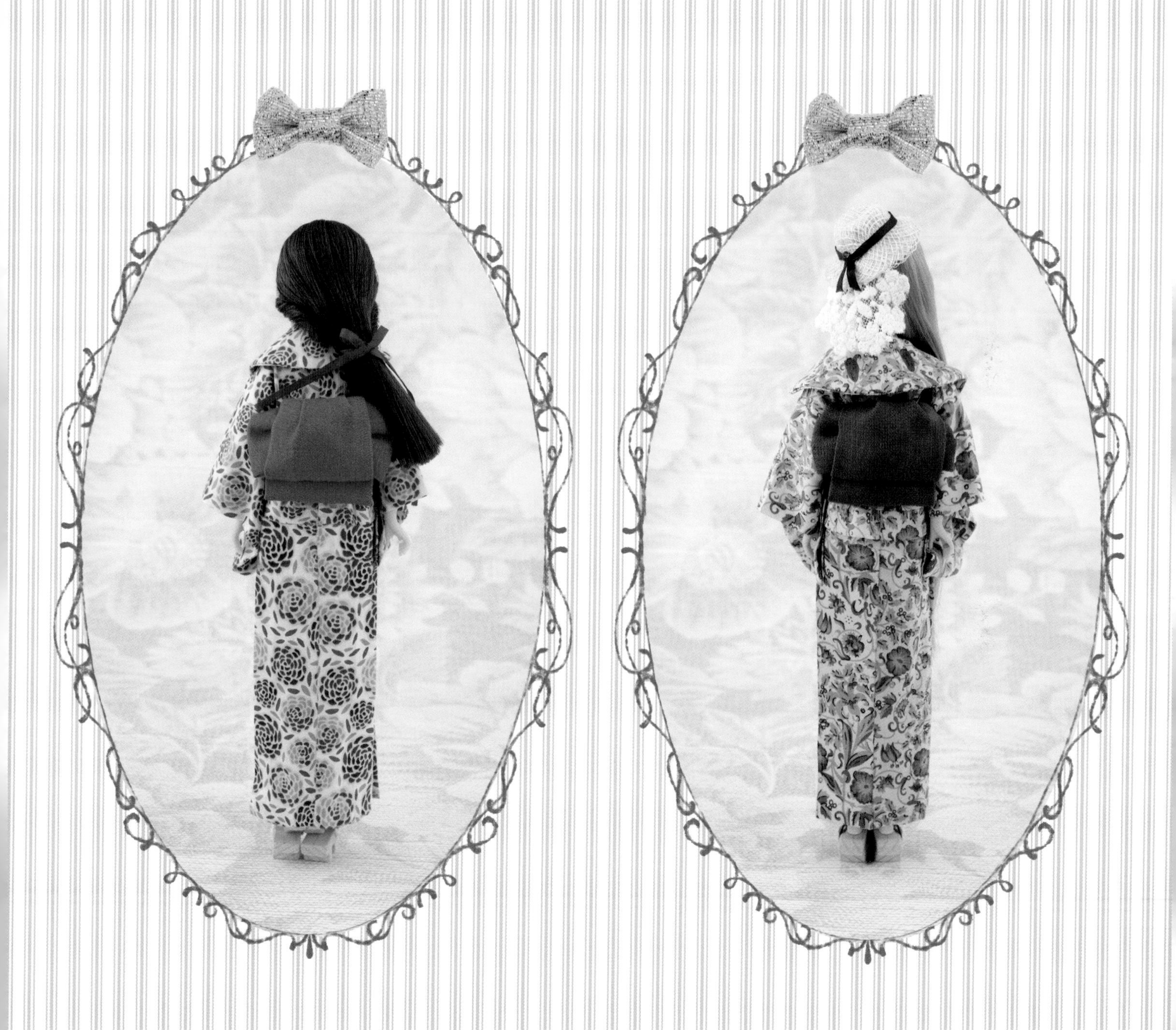

〔製作方式〕浴衣 P33、腰帶 P39、假領 P77、髮飾 P84　〔紙型〕附錄 原尺寸紙型 B、P93
〔model〕Shion（左）、Jenny（右）

〔製作方式〕浴衣 P33、腰帶 P39、髮飾 P88　〔紙型〕附錄 原尺寸紙型 A

〔model〕Doran Doran

〔製作方式〕韓服 P55、髮飾 P90　〔紙型〕附錄 原尺寸紙型 A、B

〔model〕Blythe (Custom)

登場於本書的娃娃和尺寸

本書中將娃娃大致分成
4 種尺寸（XS、S、M、L）介紹。

Model Doll

XS 尺寸(11cm) … Mini Sweets Doll (Obitsu 11)

S 尺寸(20cm) ……Doran Doran、Tiny Betsy McCall、ruruko (Pure neemo XS) (※ruruko 的浴衣為不同紙型)

M 尺寸(22cm) …… Blythe、EXcute (Pure neemo S)、Licca

L 尺寸(27cm) …… Jenny、momoko (※momoko 的浴衣衣袖為不同紙型)

◆娃娃的資訊請一併參照 P95 的「DOLL INFO」。
即使介紹的紙型分類為同一尺寸，依娃娃的身高（手、腳的長度）或
胸圍、腰圍等差異，穿起來多少會有些不同，請參考下表。

介紹的服裝和娃娃尺寸

	Mini Sweets Doll	Doran Doran	Tiny Betsy McCall	ruruko (Pure neemo XS)	Licca	Blythe	EXcute (Pure neemo S)	Jenny	momoko
浴衣	XS●	S●	S○	S● (ruruko 專用)	M●	M●	M○	L●	L● (袖子 momoko 專用)
腰帶	XS●	S△	S○	S●	M●	M●	M○	L●	L●
荷葉邊甚平（上衣）	F○ 腰部纏繞	F○ 腰部纏繞	F○	F○	F○	F○	F●	F○	F○
荷葉邊甚平（燈籠褲）	×	S~L○	S~L○	S~L○	S~L○	S~L○	S~L●	S~L○	S~L○
韓服	×	S●	S△ 裙子改短	S○ 調整裙子肩帶	M●	M●	M○	×	×

尺寸表的觀看方式：●＝紙型模特兒、○＝標準尺寸、△＝可穿、×＝不適用

尺寸的微調

要配合上述模特兒娃娃或手上的娃娃進行調整時，請參考以下幾點。

・浴衣的胸寬若和胸圍及腰圍的尺寸差距在±1cm 左右，靠綁帶的綁法或將棉紗帶繞在身體上來修正體型，無需修正紙型即可穿上。
・浴衣的衣長若誤差在±0.5cm 左右，靠調整端折，無需修正紙型即可穿上。
・浴衣的袖寬及衣長，因紙型為直線，可配合娃娃調整長度（改變衣長時端折的位置需配合實際情況調整）。
・關於浴衣的胸寬也可藉由改變前後的寬度進行相同的調整，但會跟所介紹的紙型在均衡感上相異，故可調整各部位均衡感的高手專用。
・要調整時請使用尺寸相近的 model 娃娃紙型。
〔各 model 娃娃的裄（連肩袖長）&身長請參照 P34〕
・在此所介紹的調整方法僅為簡易的尺寸調整。

基本練習

試著製作浴衣、荷葉邊甚平及韓服吧！
內文也會介紹工具和紙型，還有裁縫的基礎，
製作的時候請多加參考。

目次

紙型

在製作浴衣前，先從紙型開始學習吧！
此處將會解說本書的附錄和 P93 登場的紙型。
紙型上含有很多縫法或組合法的記號，請事先加以確認。

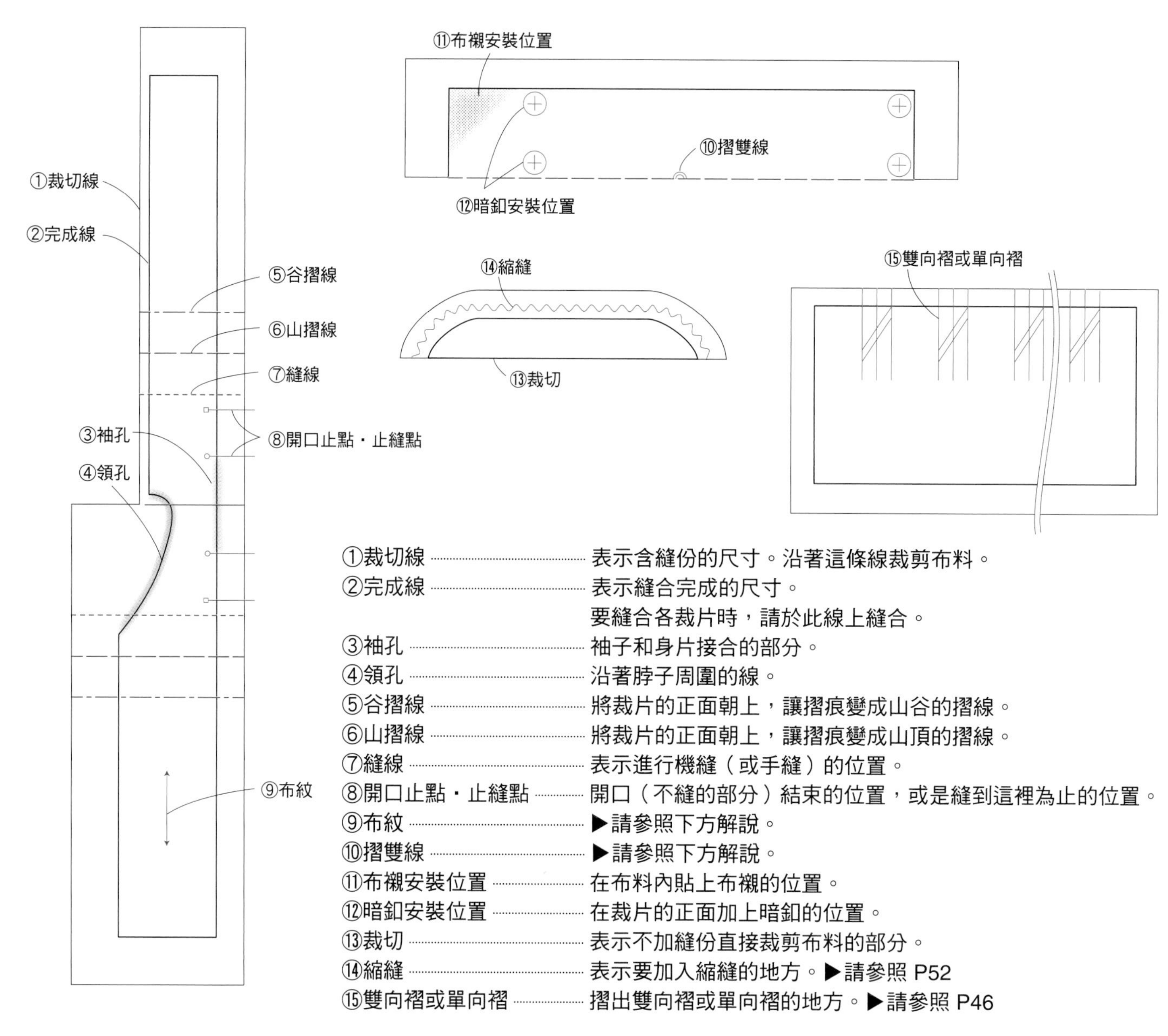

①裁切線……表示含縫份的尺寸。沿著這條線裁剪布料。
②完成線……表示縫合完成的尺寸。
要縫合各裁片時，請於此線上縫合。
③袖孔……袖子和身片接合的部分。
④領孔……沿著脖子周圍的線。
⑤谷摺線……將裁片的正面朝上，讓摺痕變成山谷的摺線。
⑥山摺線……將裁片的正面朝上，讓摺痕變成山頂的摺線。
⑦縫線……表示進行機縫（或手縫）的位置。
⑧開口止點・止縫點……開口（不縫的部分）結束的位置，或是縫到這裡為止的位置。
⑨布紋……▶請參照下方解說。
⑩摺雙線……▶請參照下方解說。
⑪布襯安裝位置……在布料內貼上布襯的位置。
⑫暗釦安裝位置……在裁片的正面加上暗釦的位置。
⑬裁切……表示不加縫份直接裁剪布料的部分。
⑭縮縫……表示要加入縮縫的地方。▶請參照 P52
⑮雙向褶或單向褶……摺出雙向褶或單向褶的地方。▶請參照 P46

◆ 用語的詳細解說

⑨布紋

指布的織紋。箭頭指著布的經線方向為「直布紋」。往斜的方向叫作「斜布紋」。布的兩端叫「邊」。直布紋伸縮性差，斜布紋伸縮性佳。

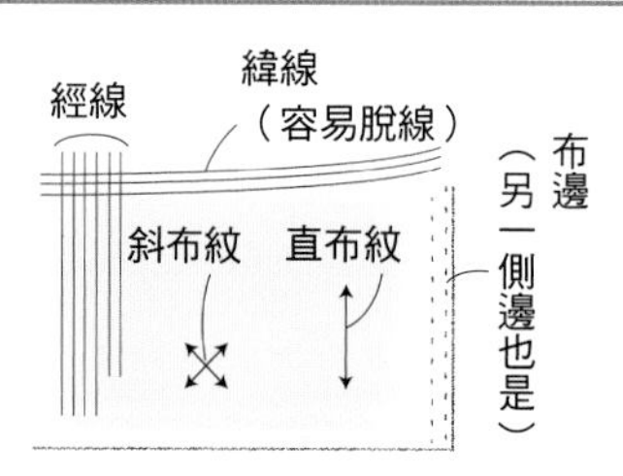

⑩摺雙線與「わ」

「摺雙線」是表示以記號為分界呈現出左右對稱形狀的線。將布對摺而產生的凸摺線部分日文稱為「わ」。

紙型的記號　布的狀態

わ

紙型的記號

按照步驟介紹紙型的記號，請不要讓布偏掉並仔細地畫上記號，再加以裁剪吧！

◆ 要 準 備 的 東 西

剪紙用的剪刀　記號筆　錐子

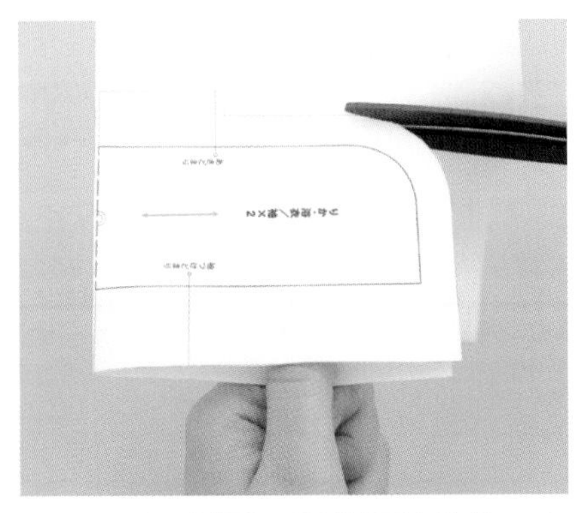

1 影印紙型，照裁切線裁剪。有摺雙線的裁片請依摺雙線對摺，在紙疊合的狀態下裁剪。

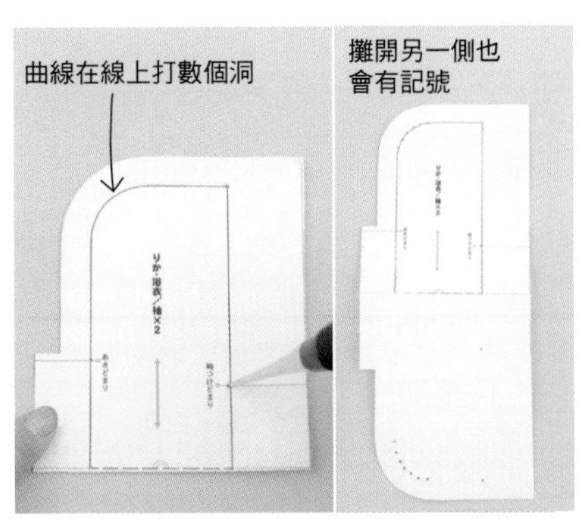

2 在對摺的紙型完成線上，將可當作基點的角、曲線、開口止點等各記號處用錐子打洞。

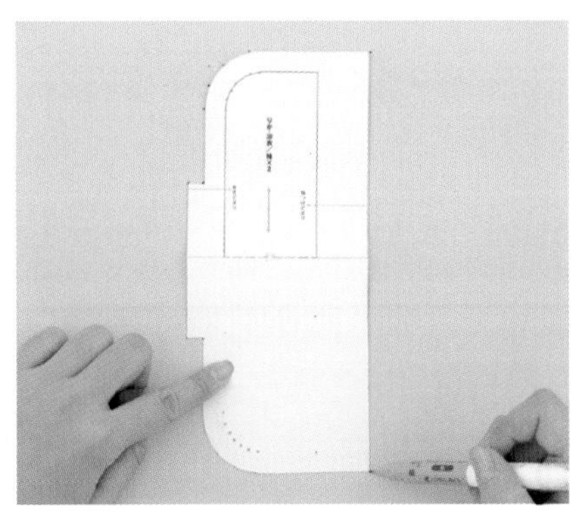

3 將紙型放在要使用的布上，一面用手壓著，一面用記號筆在紙型邊界的曲線或角標上點。

4 拿掉紙型，將在步驟3標上的點用尺連結畫出裁切線。

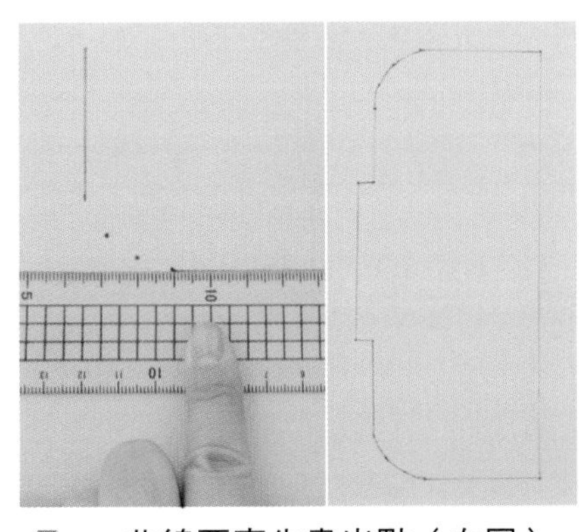

5 曲線要事先畫出點（左圖），再徒手將點線連結。畫好的裁切線（右圖）。

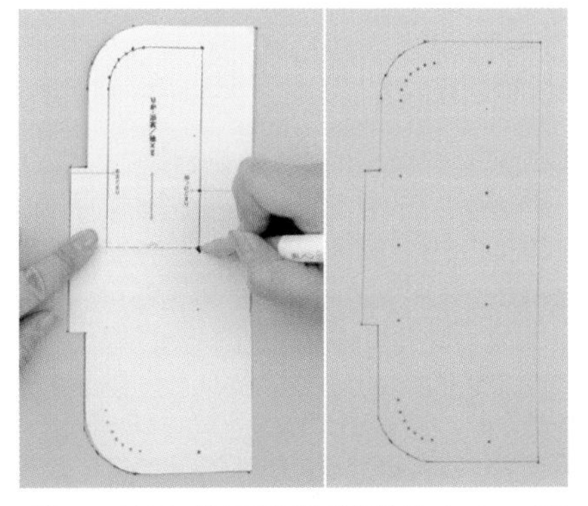

6 配合裁切線將紙型放上去，用筆在步驟2打在完成線上的洞中標出點的記號。

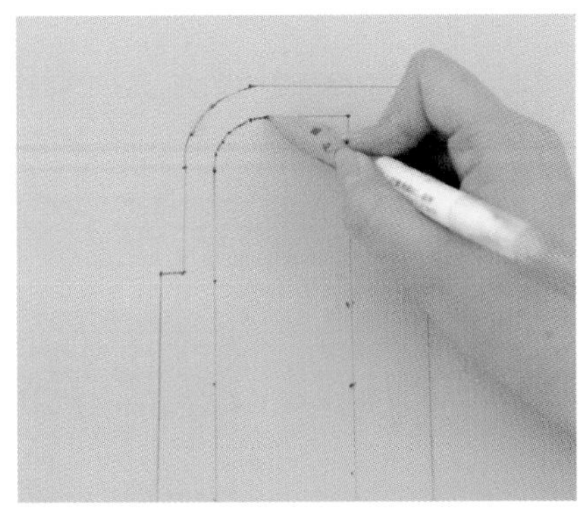

7 拿掉紙型，將步驟6畫上的點連結，畫出完成線。曲線用徒手將點連線。

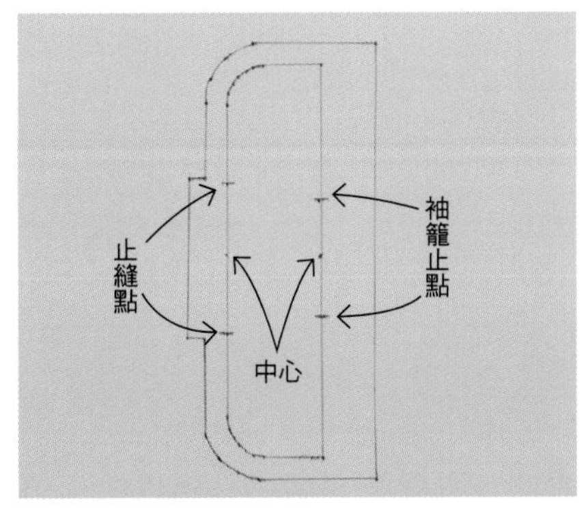

8 將袖籠止點、止縫點、中心（肩山）等記號重新標記在縫份側，讓記號更容易看懂。

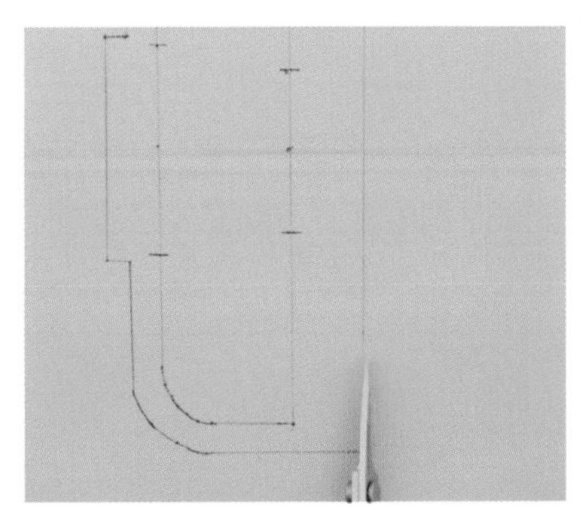

9 用布剪刀沿裁切線裁剪。若要塗上防綻液，請在剪完之後塗上並讓其充分乾燥。

裁縫的基礎

這裡會介紹縫紉機的基本和為沒有縫紉機的人介紹手縫的基本。
作品幾乎都是直線縫製，不管哪種方法都可以做出漂亮的成品。
請選擇喜歡的方法製作。

開始縫之前…

在開始縫之前先介紹「若事先知道會很方便的裁縫基礎知識」。

背面相對與正面相對

在製作方式解說頁面登場很多次的詞彙。表示布疊合的狀態，當兩片布都是正面朝外時叫「背面相對」，正面朝內時叫「正面相對」。

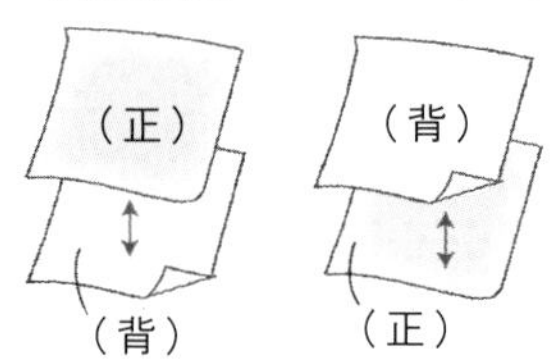

暫時固定

在縫合裁片時，為了不偏掉會先暫時固定。主要是用珠針暫時固定，但想將暫時固定的狀態更牢固時，會使用「疏縫」。

用珠針暫時固定

布（背）
布（正）
垂直別入
記號
①記號末端 ③中心 ②記號末端

照圖中的順序別上珠針。若要縫的部分很長，記號的末端兩側和中心以等距追加。

用疏縫暫時固定

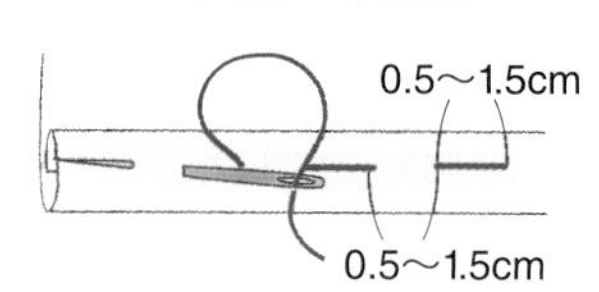

為了容易拆線，以長的縫線來縫合。

用熨斗燙平

要使用的布在裁切成裁片前，先用熨斗好好燙平吧！此外，若用熨斗燙縫份，完成品會漂亮很多。

在裁切裁片之前

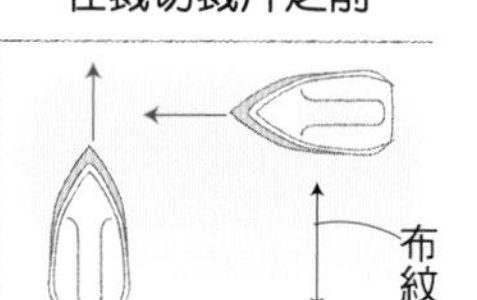

照布紋的方向以水平或垂直的方向滑動，若以斜布紋方向滑動，布將會扭曲，請留意。

攤開縫份時

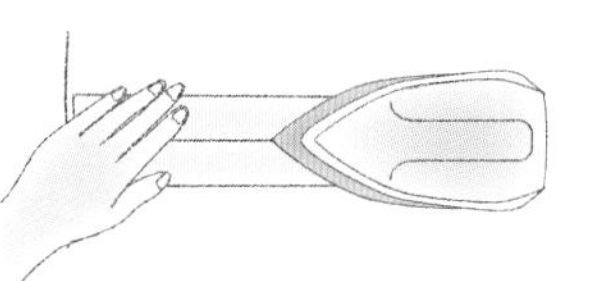

一面將張開的縫份用手壓住，一面用熨斗尖端按壓的方式熨燙。

讓縫份倒向單側時

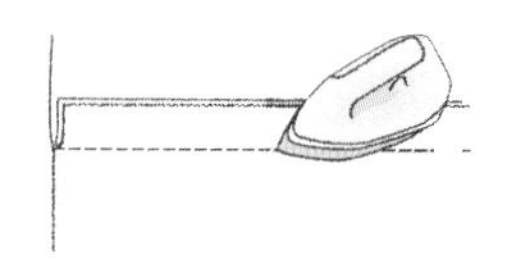

讓兩片縫份往同一邊倒下，利用熨斗的尖端壓住。

縫紉機的縫法

用縫紉機製作，能夠縫製得比手縫更快又更牢固。
直線縫製用機縫，細部裁片用手縫，建議按照喜好來分別活用。

先調整線的張力

縫紉機是上下線一邊互相鉤住，一邊縫。在縫之前先用剩布確認線的張力。有一邊張力不對的話，縫線會較容易斷。

上線和下線的張力均衡的樣子

＜剖面＞ ＜縫線＞

上線和下線的張力不均的樣子

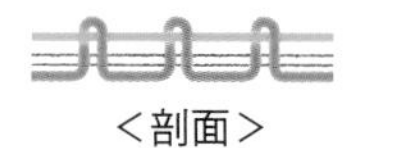

＜剖面＞ ＜縫線＞

基本的縫法

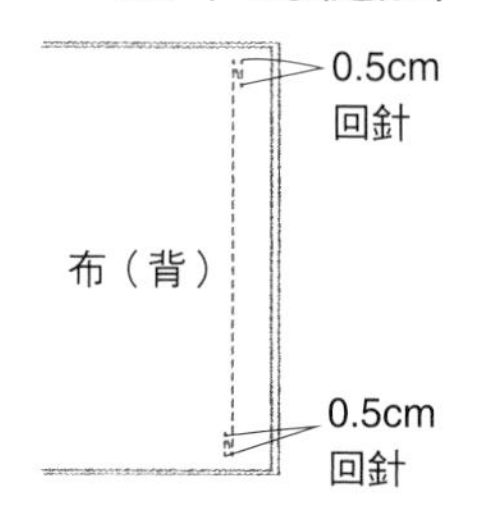

在記號上下針縫製。起針和收針處要在同樣的縫線上，來回縫 2~3 次。

縫曲線

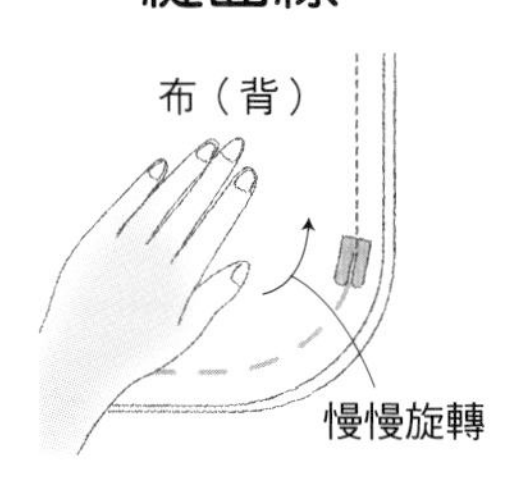

一面將布用手旋轉，一面慢慢地往前縫。讓車針緩緩前進，慢慢地、慎重地。

縫轉角

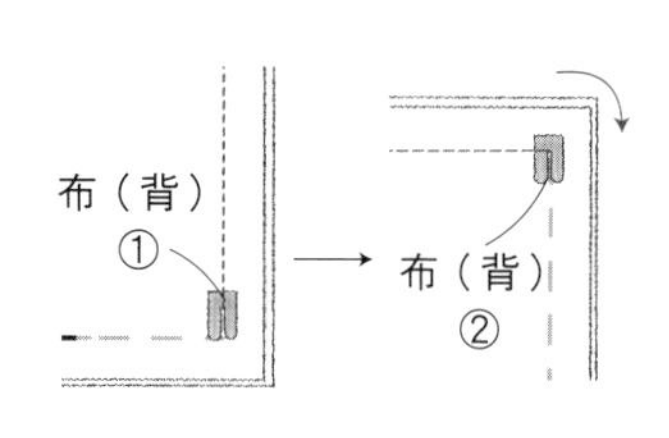

①縫到轉角後讓縫紉機停下，保持車針下沉的狀態。
②保持車針下沉，抬起壓布腳，轉布改變縫的方向。

手縫的縫法

除了做主要的物件外，加上裝飾時也會用手縫。
和機縫相同，在起針和收針處都要回針。

起針打結

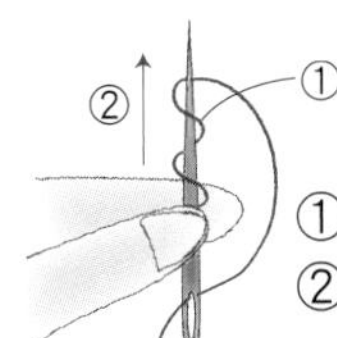

①將線繞針兩圈。
②把線往下拉，在末端打結。

收針打結

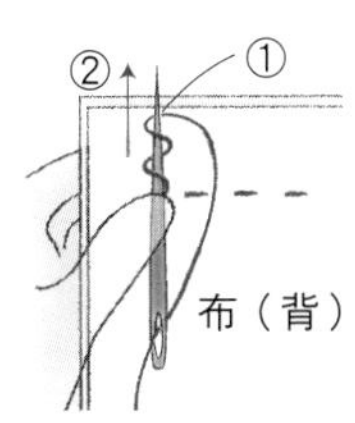

①把針壓在縫線上，將線繞針兩圈。
②用手指按住線將針拉起。

平針縫

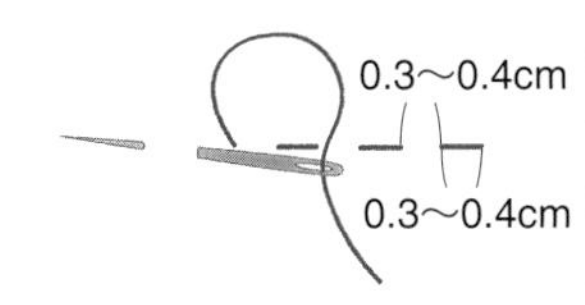

基本的縫法。在記號上連續縫 5〜6 針後拉針。刺繡上這叫做平針繡。

回針縫

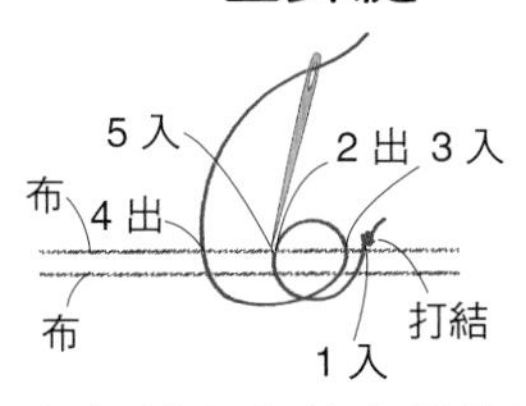

在起針和收針處的縫法。重複此步驟就會變成全回針縫，可縫出堅固的縫線。

藏針縫

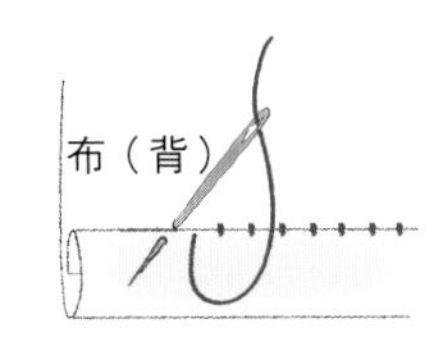

縫住凸摺線的方法。用針稍微挑起紗，讓縫線變得較不起眼。

斜針縫

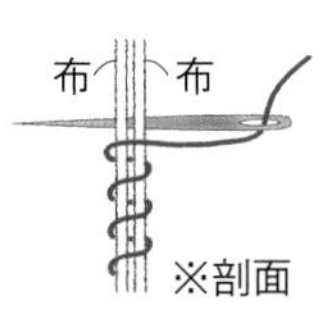

將疊合的兩片布邊挑紗縫合的方法。

輪廓繡

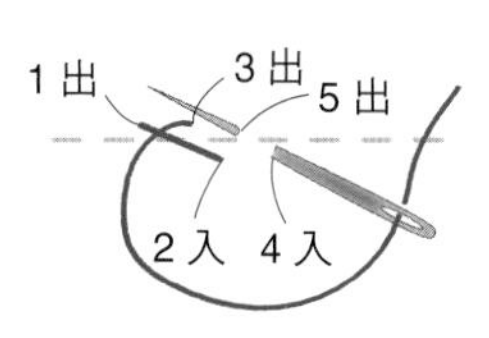

刺繡的縫法。主要用在要描出輪廓或線條時。

緞面繡

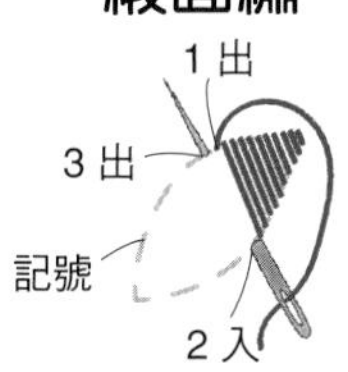

刺繡的縫法。用在想將表面填滿時。

各種扣具

在本書登場的扣具安裝方法。用在扣上腰帶的背面等情況。
魔鬼氈推薦使用需縫上的類型。

・暗釦 凸 凹

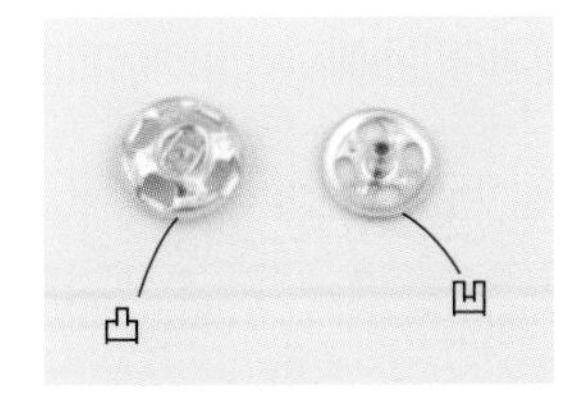

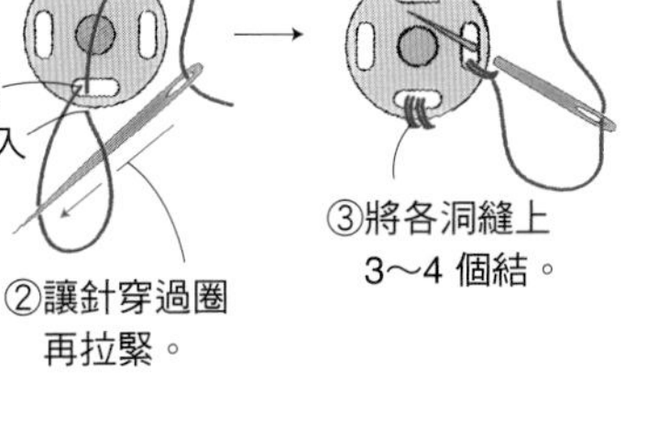

・裙鉤

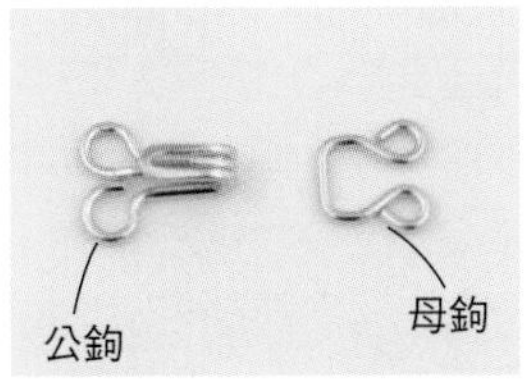

①將鉤子的部分縫在布上

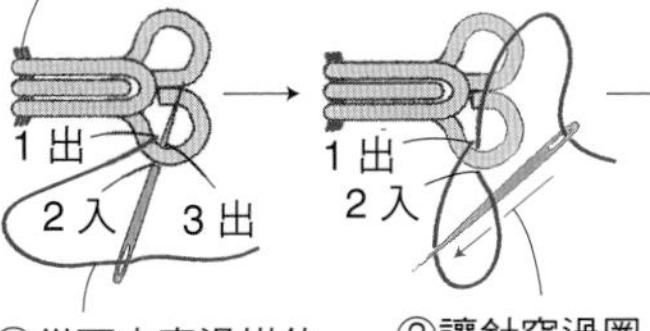

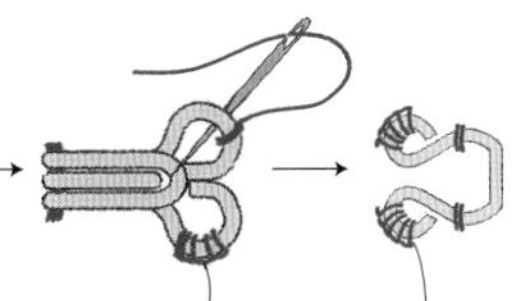

・魔鬼氈

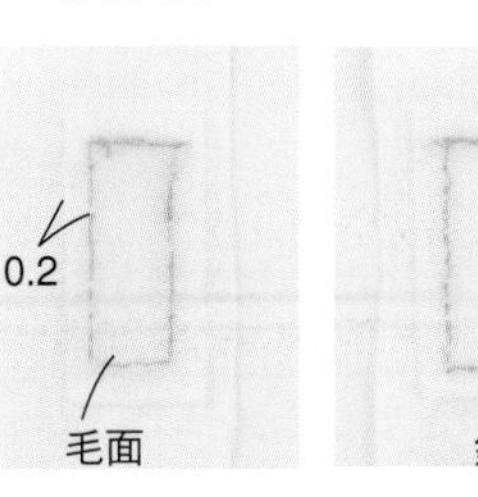

①將切出所需大小的魔鬼氈分為鉤面和毛面，各自疊合在要安裝的位置。
②用機縫或手縫在魔鬼氈的四邊往內側 0.2cm 處縫合。
※腰帶於完成時縫上的情況，若不想讓縫線出現在表面時，則用手縫將周圍以藏針縫縫合。

關於工具

介紹在製作娃娃尺寸的浴衣時，手邊會有很方便的工具。

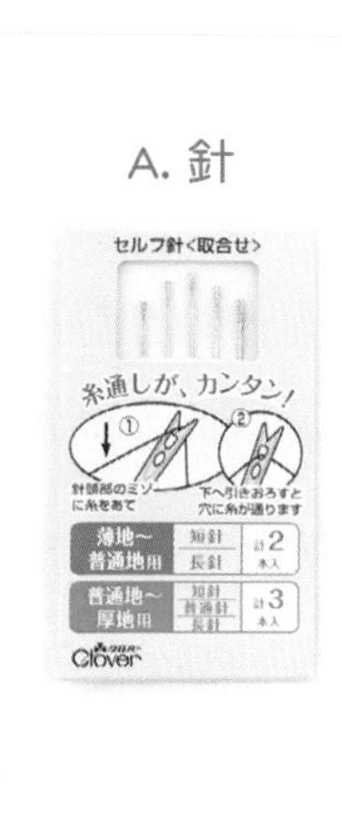

A. 針

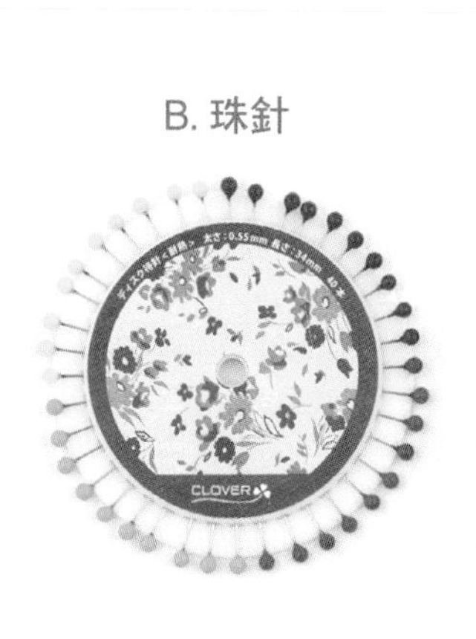

B. 珠針

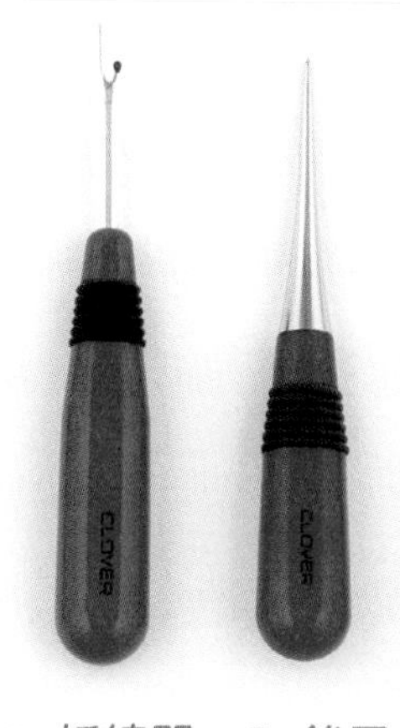

C. 拆線器　D. 錐子

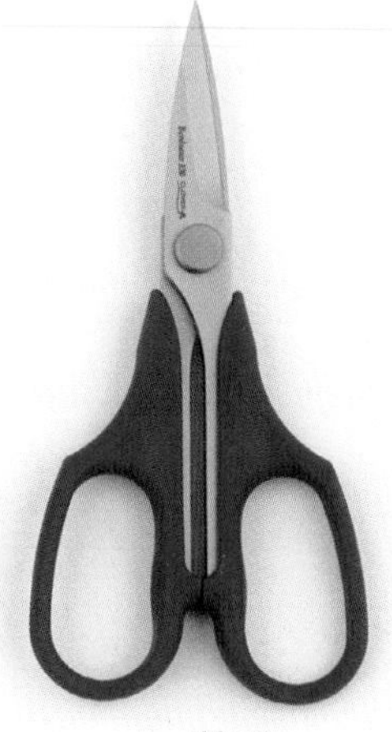

E. 剪刀

F. 記號筆

G. 防綻液

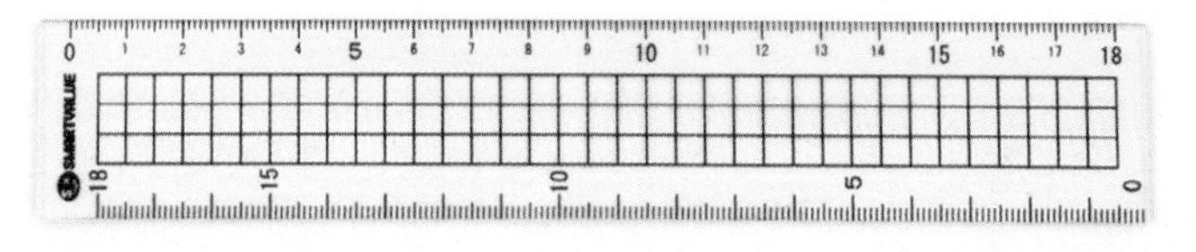

H. 尺

〔攝影工具提供〕可樂牌股份有限公司（定規尺以外）

A. 針　用在手縫的時候。若有薄布、普通布、厚布皆可使用的長短針組合會很方便。

B. 珠針　在用機縫或手縫進行縫合時，為了不偏移，用來暫時固定的針。要用縫紉機縫的時候，選擇頂部是球狀，針頭很細的針。

C. 拆線器　在不小心縫錯時，用來拆掉縫線的道具。

D. 錐子　用在製作、將小裁片的角鉤出來或要將裁片壓進手指很難伸進去的細小部分時使用。

E. 剪刀　在裁切布料或剪線時使用。娃娃用的裁片很小，所以選手掌大小的小剪刀會比較好用。此外還需準備剪紙用的剪刀。

F. 記號筆　在布的背面做記號時用 2B 鉛筆也可以。因為要在正面做記號的情況，故推薦使用水消除類型的記號筆。

G. 防綻液　在裁片的裁切處塗上就會比較不容易脫線的液體。塗上少量後充分乾燥。有的話會很方便，沒有也不要緊。

H. 尺　用在畫完成線或測量裁片的長度。

浴衣 Lesson

介紹基本「浴衣」的製作方式。
先試著完成一件吧！

浴衣的基本構造

設計成不管是手縫還是機縫都能輕鬆縫製的 chimachoco 原創浴衣。
與和服不同，沒有襯裡，構造變得更為簡單。
特徵為成品就算是嬌小的娃娃也很容易穿上，外表也很美觀。

浴衣的名稱

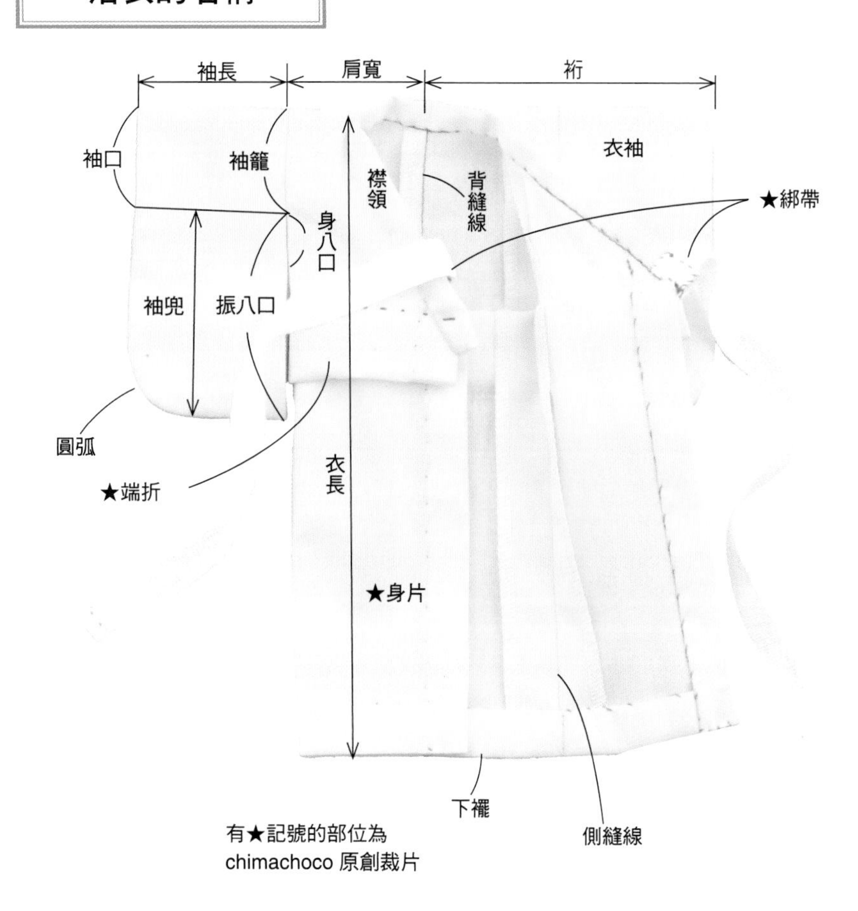

有★記號的部位為
chimachoco 原創裁片

chimachoco 原創裁片的特點

★身片是衣襟一體型
一般的浴衣在前方疊合處會有一塊叫「衣襟」的裁片，和身片是不同裁片，在此將這部分省略，讓構造變得更簡單。

★身片的軀幹留有較寬的縫份
為了在穿上時能讓側面的直線漂亮地呈現，身片的軀幹部分留有較寬的 1.5cm 縫份。因為有著側面像是有襯裡的厚度，故能做出很漂亮的成品。

★先將端折縫好
位於腹部的端折，本來是在穿上時才摺起來的，為了能輕鬆穿上，事先將身片摺疊縫好。

★靠綁帶漂亮著裝
襟領下半部縫有捲在腰上的綁帶。浴衣的前後衣襟能牢靠地固定，所以能著裝得更漂亮。
※XS 尺寸因為腰部曲線會變厚，故是沒有綁帶的設計。

決定浴衣尺寸的長度

裄・・・・・從背到袖口的長度。
肩寬・・・・從背到袖籠部分的長度。
袖長・・・・從袖籠到袖口的長度。
衣長・・・・從肩膀到下襬的長度。

娃娃浴衣尺寸一覽

※為大略的尺寸。

部位	裄	衣長
L	約 10cm	約 26cm
M	約 10cm	約 26cm
S	約 8.5cm	約 17cm
S ruruko	約 9.5cm	約 21cm
XS	約 7cm	約 10cm

浴衣的各部位名稱

襟領・・・・脖子周圍的部分。會在胸口交叉。
衣袖・・・・蓋住雙手的裁片。
袖籠・・・・縫合身片與衣袖的部分。
袖口・・・・手從衣袖伸出來的部分。
振八口・・・在袖籠下方的開口。
身八口・・・在身片腋下的開口。
袖兜・・・・從袖籠往下呈袋狀的衣袖。
圓弧・・・・衣袖下半部的曲線。
背縫線・・・在背後縫合身片的部分。
側縫線・・・將前後身片縫合的部分。

浴衣 的製作方式

◆ 裁片的取得方式

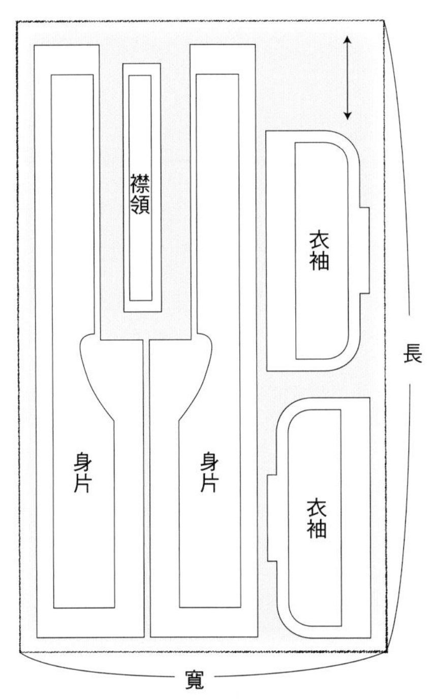

材料表上的衣料尺寸是將裁片像上圖那樣配置時的數值。若選擇小花紋或無花紋時請照這個配置裁切布料。用大花紋時，根據花紋的位置放紙型的位置也會改變，故會跟上表的衣料尺寸相異。

◆ 材料

浴衣用布（參照下表）　腰部綁帶用 1cm 寬棉紗帶 50cm　※紙型為附錄 A、B

娃娃	XS	S	M	L
浴衣用布（寬×長）	35×30cm	35×45cm	35×55cm	35×60cm
紙型	正面	正面	正面	背面

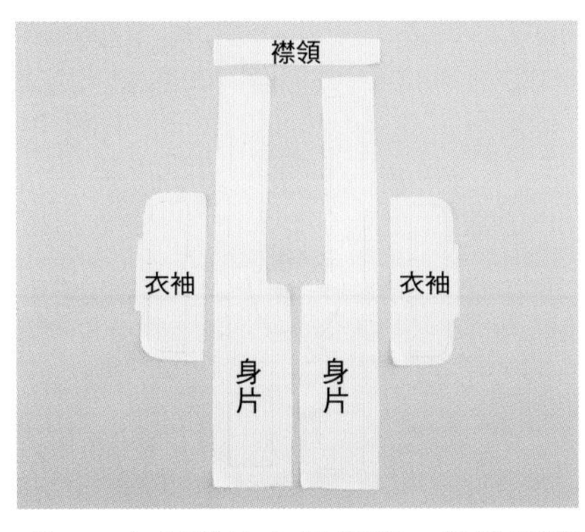

1　在各裁片上做記號，並進行裁切。

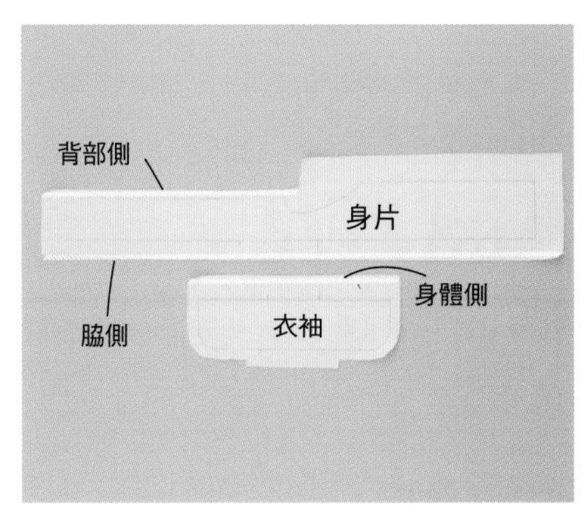

2　若使用縫紉機，先將縫份鎖布邊（拷克）。手縫的情況則塗上防綻液。

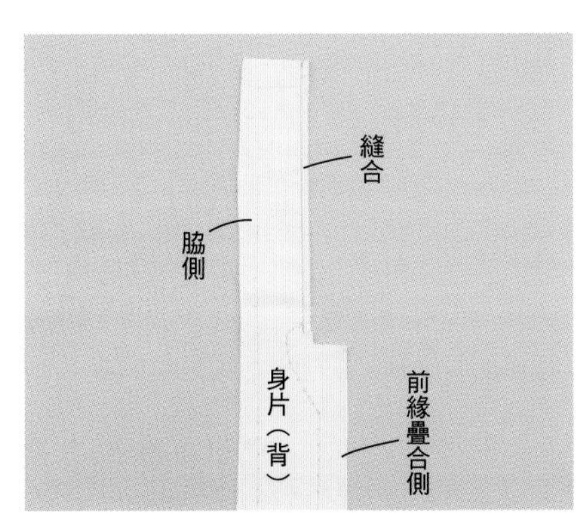

3　將兩片身片正面相對疊合，縫合背部。

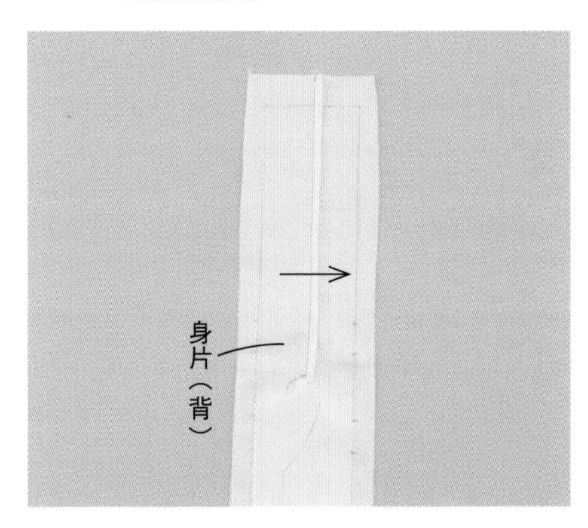

4　讓 3 的背部縫份倒向同一邊並燙平。

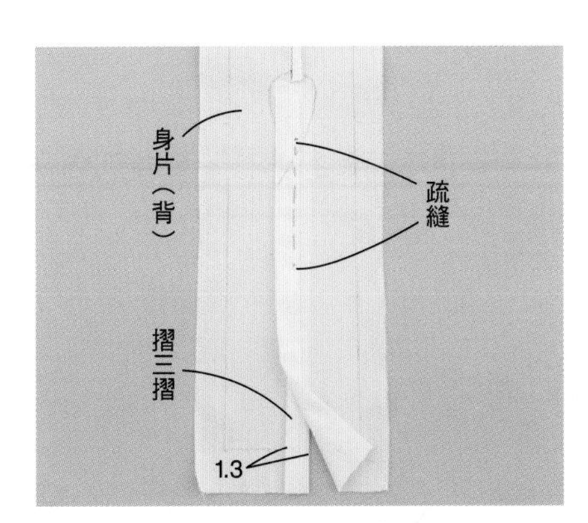

5　將前片襟下方的縫份摺三摺並燙平，從襟領側做大約 4cm 的疏縫。

◆ 摺三摺的方法

處理襟下（衣襟下方到下襬）和下襬等較寬的縫份時登場的做法。
用熨斗燙過做出摺線，則是做出漂亮形狀的訣竅。

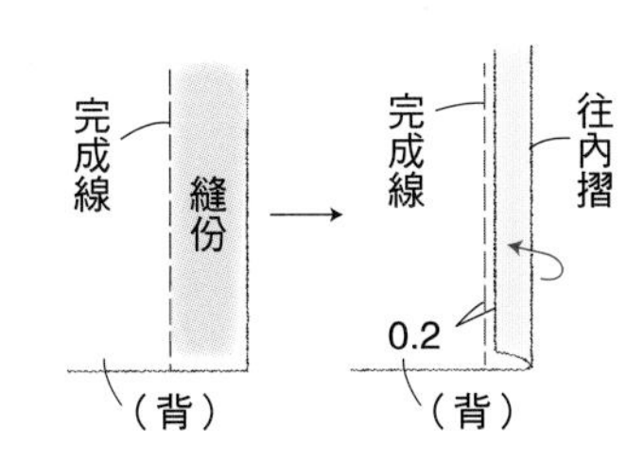

1　將縫份從完成線稍微往外側的位置朝內摺。

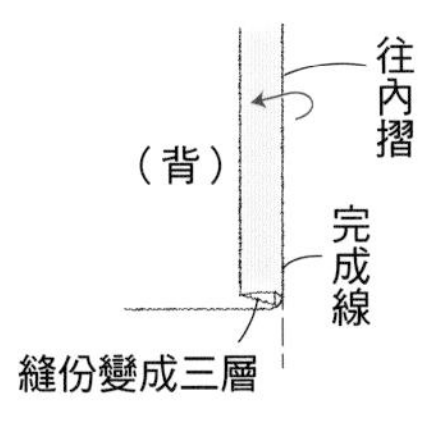

2　將 1 摺好的縫份沿完成線再朝內摺一次。

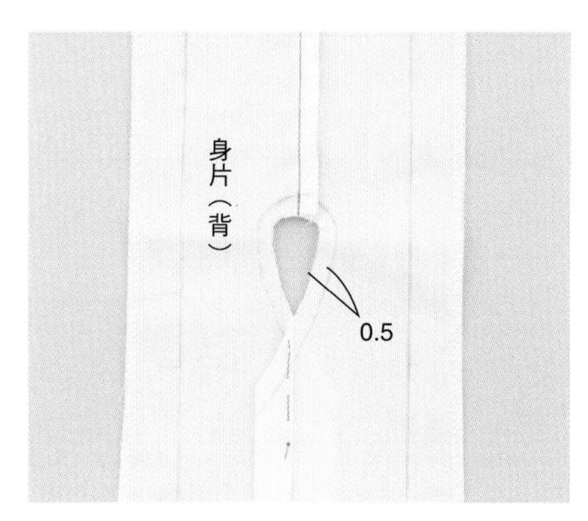

6 用紙型重新標記領孔的完成線，將縫份修到剩 0.5cm。

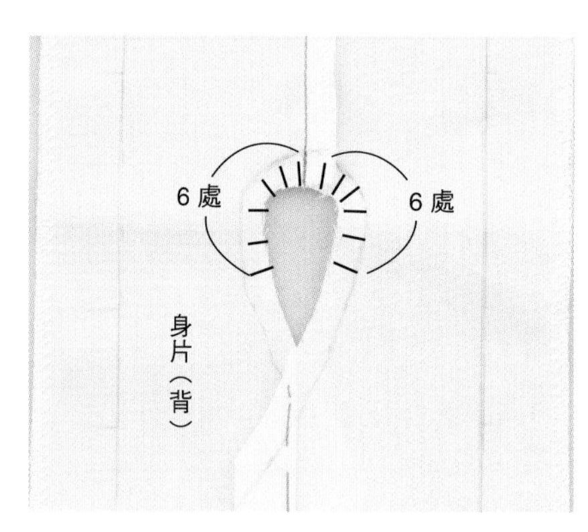

7 將領孔的縫份 12 處，剪出深度到完成線的牙口。

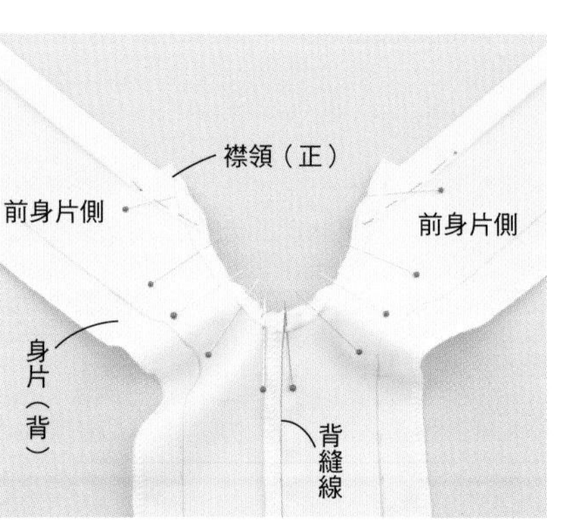

8 將身片和襟領中心對齊，以正面相對疊合，接著用珠針暫時固定。

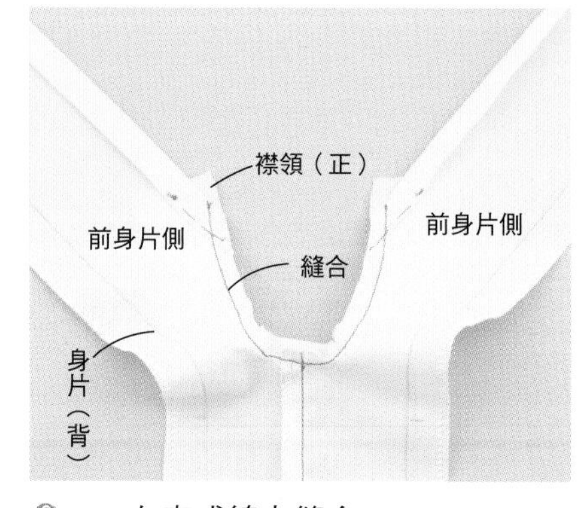

9 在完成線上縫合。
※縫合時身片在上。

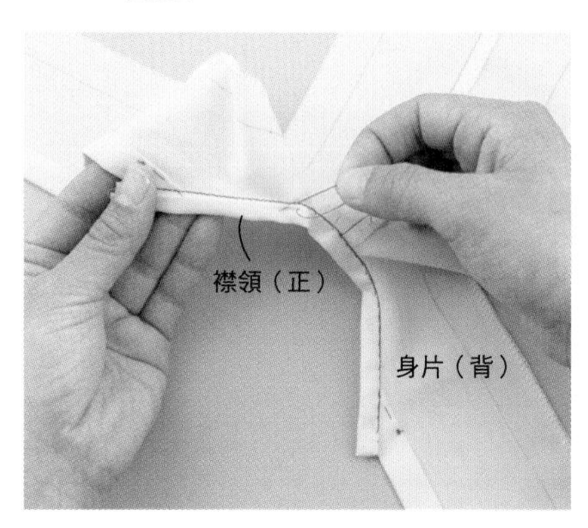

10 將 **9** 的襟領倒向身片側，把領孔的縫份用藏針縫縫起來。
（請參照右方的◆）

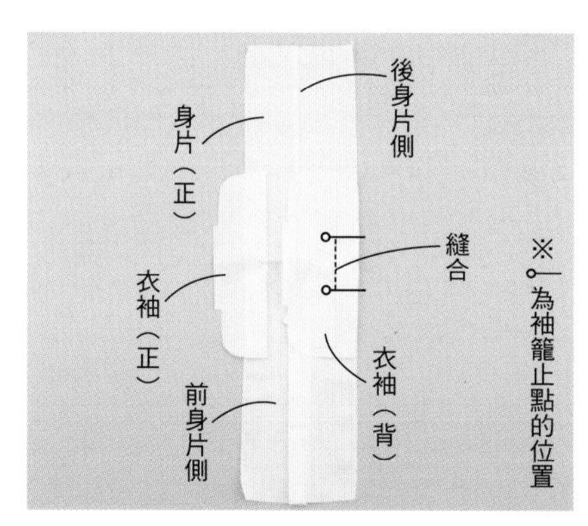

11 在身片的接合位置將衣袖正面相對疊合，在袖籠止點記號間縫合。
※因為容易綻開故用回針縫。

◆ 將縫份包起來處理

在襟領這種很多縫份疊合之處，將一邊的縫份留出較寬的寬度，包起來處理就能乾淨俐落地完成。

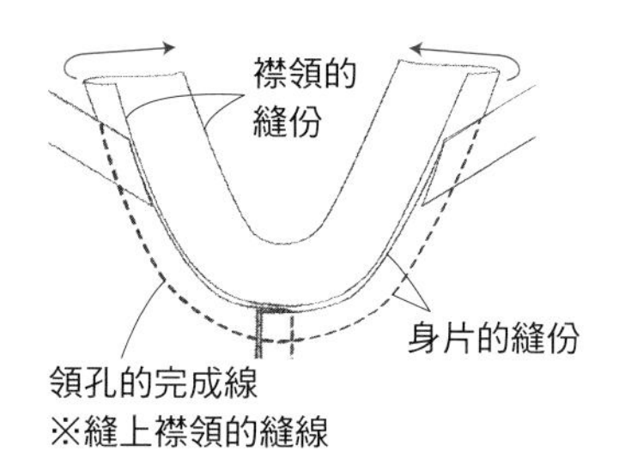

1 將襟領翻回正面並燙平。

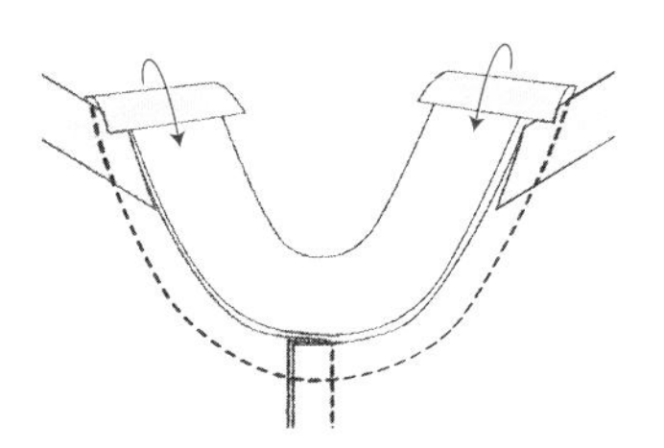

2 將襟領的兩端往內側摺。

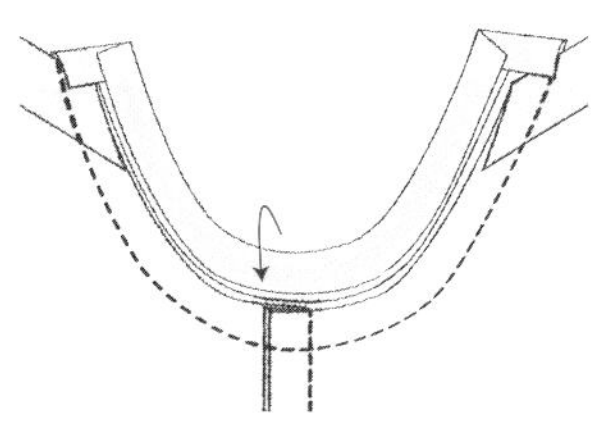

3 沿著領孔的縫份將襟領的縫份往內側摺。

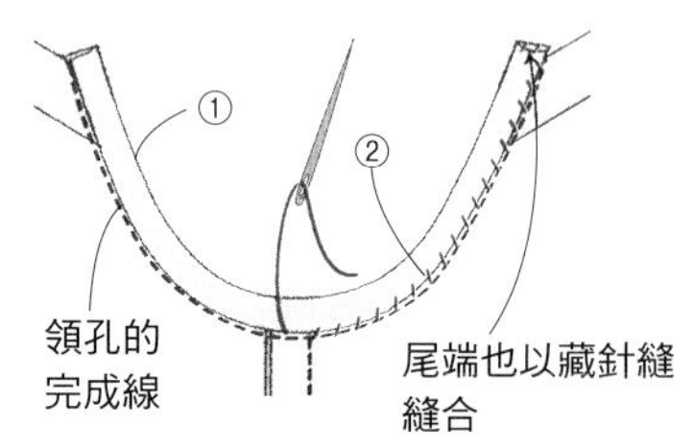

4 沿著領孔的完成線再度摺縫份，把領孔的縫份包住①。將 **3** 的摺線與領孔的縫份挑紗以藏針縫縫合②。

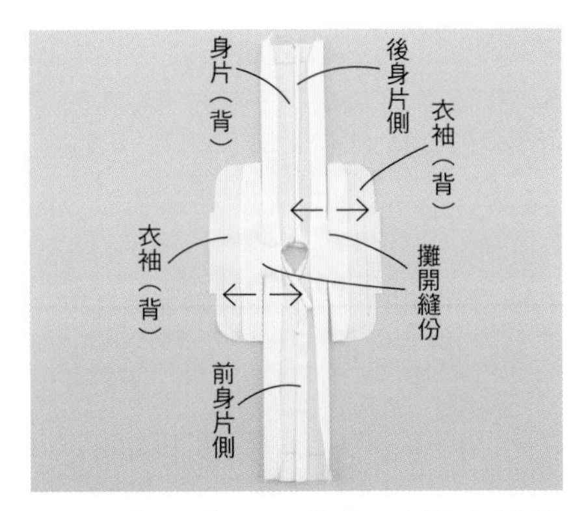

12 翻至背面，將在 **11** 縫上袖籠的縫份攤開並燙平。

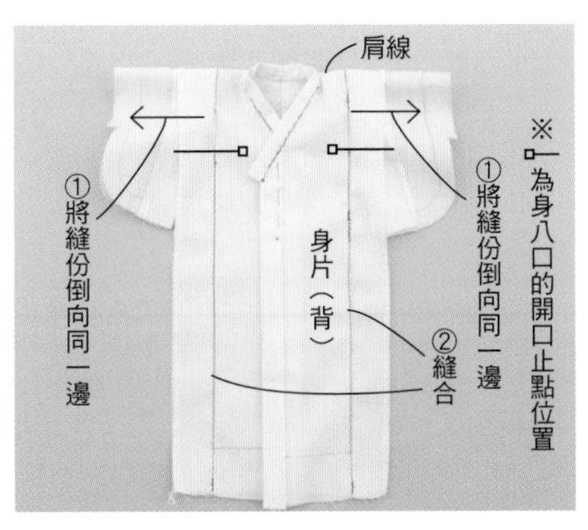

13 將身片與衣袖依肩線正面相對對摺，將袖孔縫份倒向衣袖側①。沿腋下從身八口底部往下縫到下襬②。

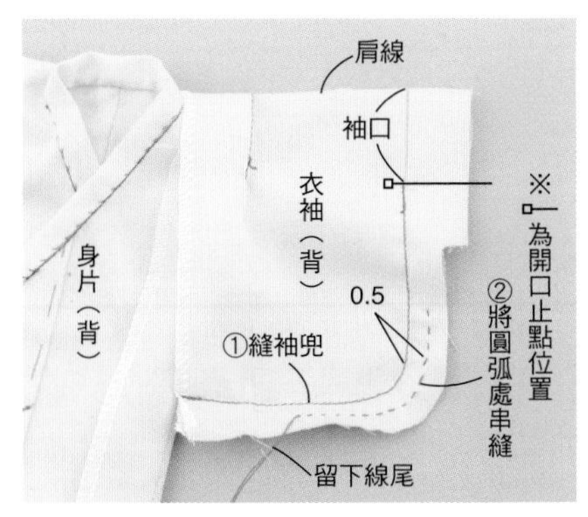

14 將 **11** 的袖籠縫份倒向身片側，縫合袖兜留下袖口①。將圓弧的縫份用串縫縫合②。

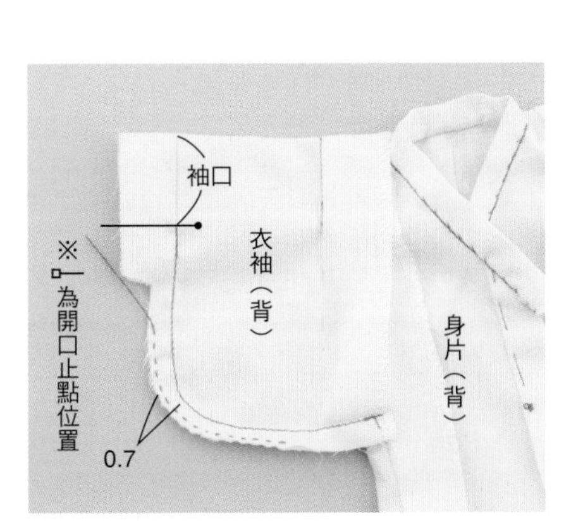

15 另一邊的袖兜也和 **14** 用相同方法縫合。將兩袖的圓弧處縫份剪到剩 0.7cm。

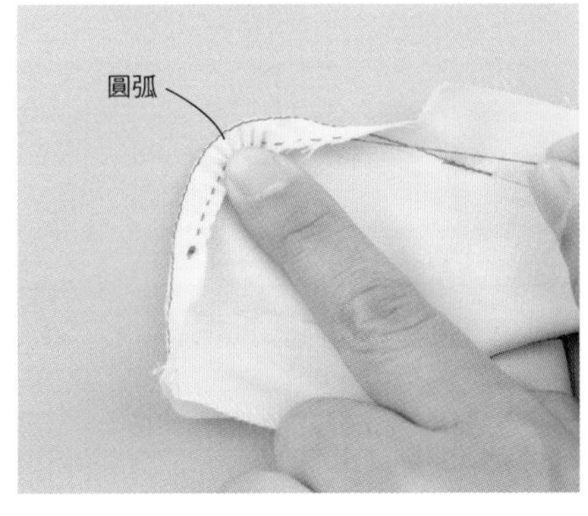

16 將圓弧處的串縫輕輕拉緊，讓縫份倒向一邊，做出漂亮的曲線。

17 將 **11** 的袖籠縫份再度攤開，整理形狀。

18 翻回正面，以圓弧、角、襟領為中心整理形狀並燙平。

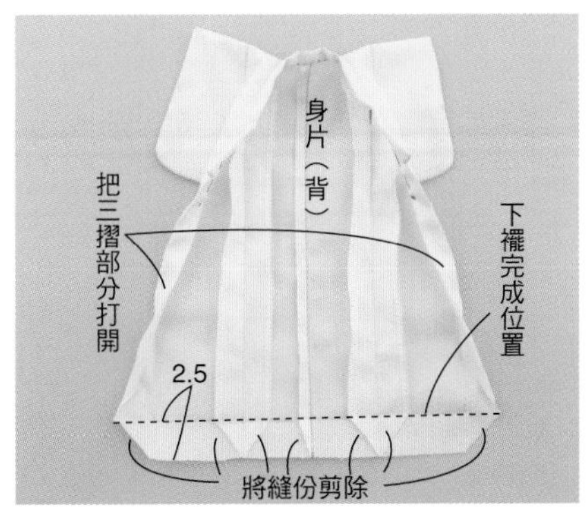

19 將襟下的三摺只打開下襬側，把下襬的 7 處縫份剪成三角形。

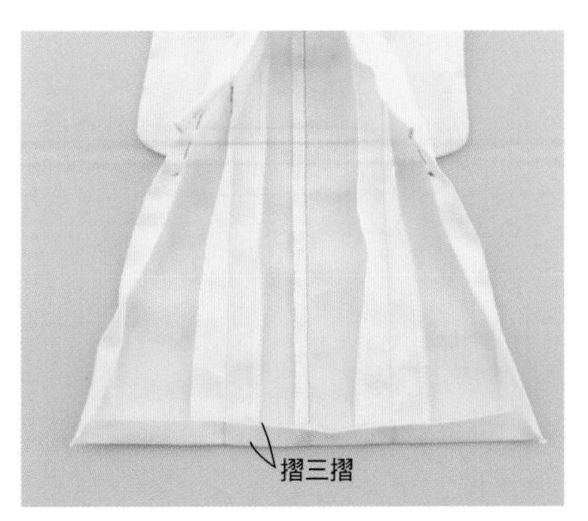

20 將下襬的縫份摺三摺並燙平（摺三摺的方法請參照 P35）。

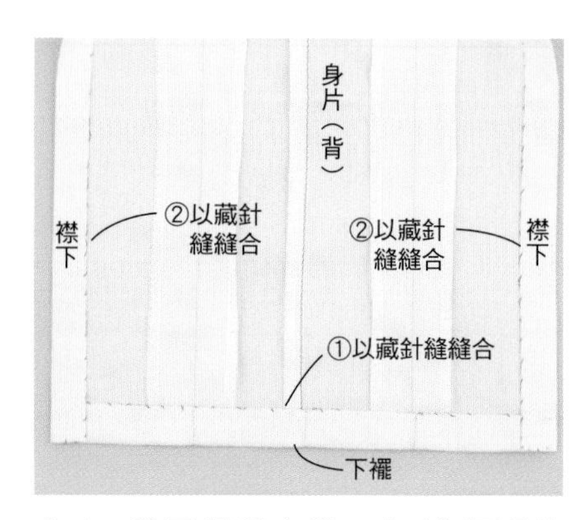

21 將下襬縫合①。在**19**打開的襟下縫份再度摺三摺後以藏針縫縫合②（摺三摺的方式請參照 P35）。

◆ 端折的位置

摺出端折的位置和縫合的位置，依娃娃的大小和布料的厚度、素材也會有所不同。紙型上是標記從正面看的摺線位置，請一面當作基準，一面調整後使用。

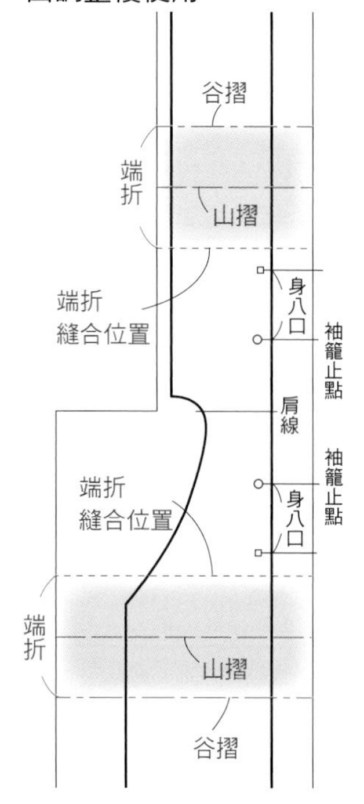

※此處為了說明有上色做區別，實際的紙型並沒有塗上不同顏色。

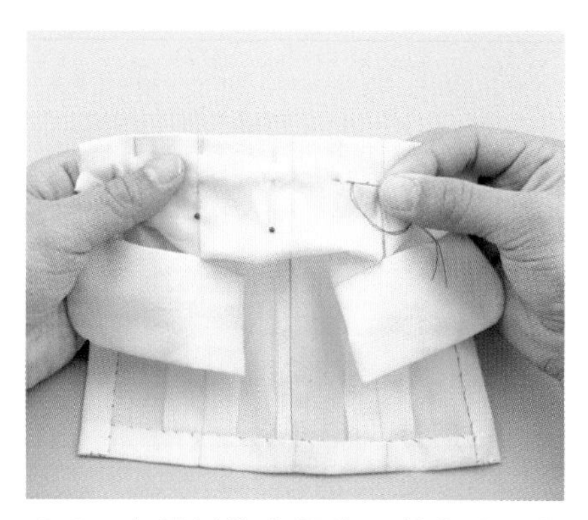

22 在端折的山摺位置將身片以背面相對摺起，在縫線位置與身片縫合。（◆請參照左下端折的位置）

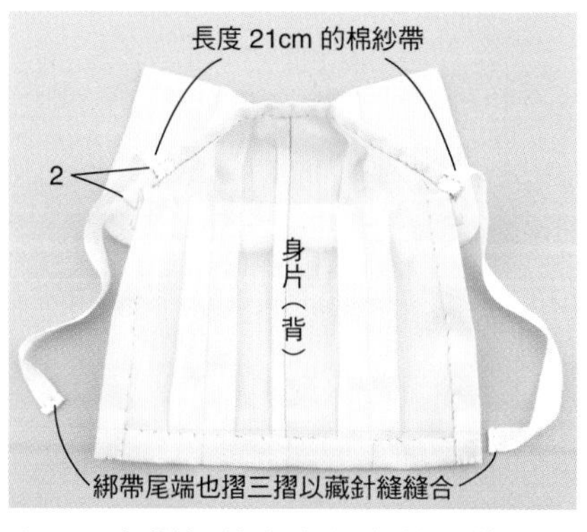

24 在襟領的左右縫上棉紗帶當作腰綁帶。左側縫在襟領底部往上 2cm 處，右側配合襟領底部。

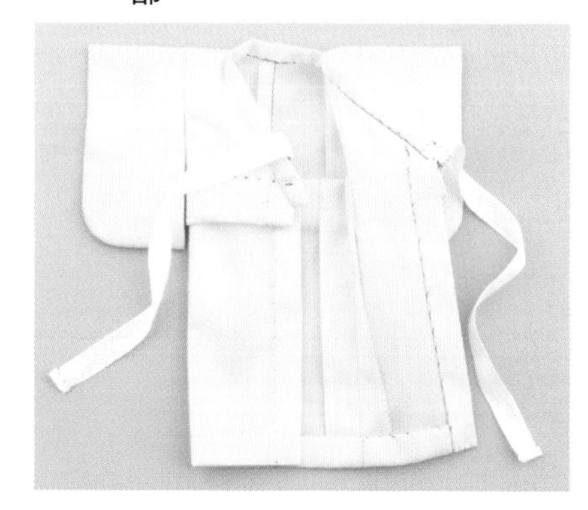

浴衣完成！

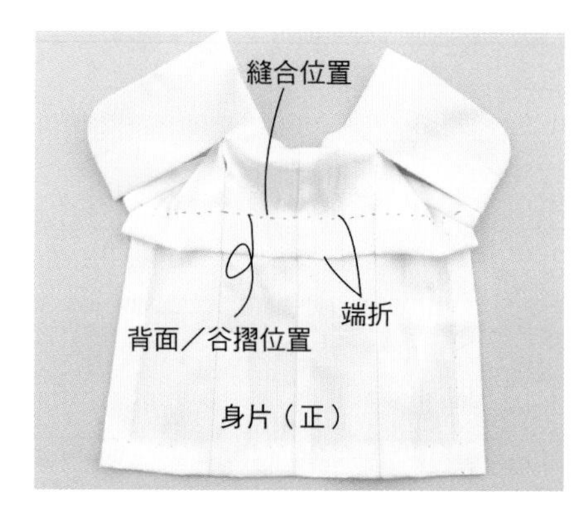

23 在谷摺位置（**22**的縫線背面）將身片摺起，做出端折。（◆請參照左下端折的位置）

◆ 縫上綁帶的方法

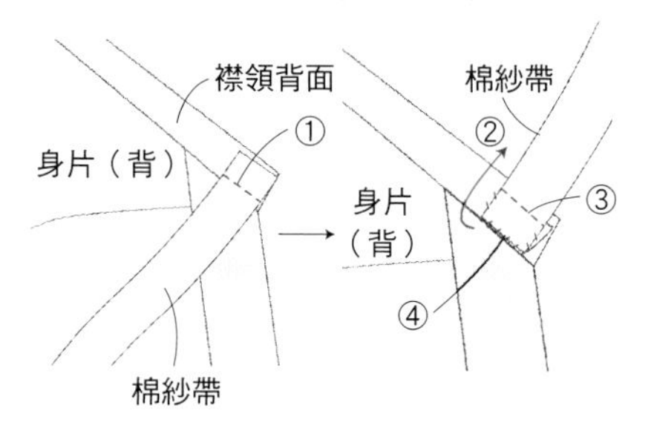

①在襟領背面的固定位置疊上棉紗帶加以縫合。
②將棉紗帶在①的縫線處往回摺。
③將摺好的棉紗帶縫在襟領上
④把③的周圍以藏針縫縫合在襟領上。

※若為較小的娃娃，依據腰圍，綁起來的腰綁帶在厚度上可能會令人在意。這種情況可以調整棉紗帶的長度，讓多餘部分變少。
本書的 XS 尺寸為不加上腰綁帶的樣式。

腰帶 Lesson

介紹在穿搭上非常活躍的「腰帶」製作方式。
做出數條腰帶來享受搭配樂趣吧！

腰帶的製作方式

基本的製作方式為了方便依喜好創作，分成帶身和尾部，在各自做好後，實際一面穿在娃娃身上、一面完成組裝（組裝方法請參照 P44）。其他還介紹帶身的改造例「蛇腹帶」以及將帶狀的緞帶綁成腰帶的「文庫帶」。

基本的製作方式◀組合方式 P44

尾部／蝴蝶結◀製作方式 P42

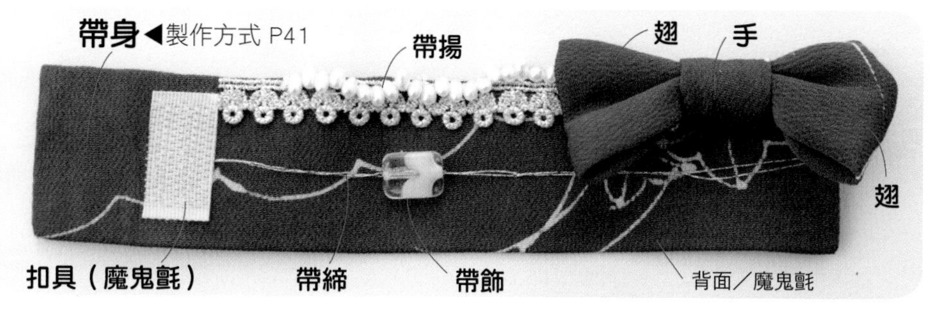

尾部／變化太鼓◀製作方式 P43

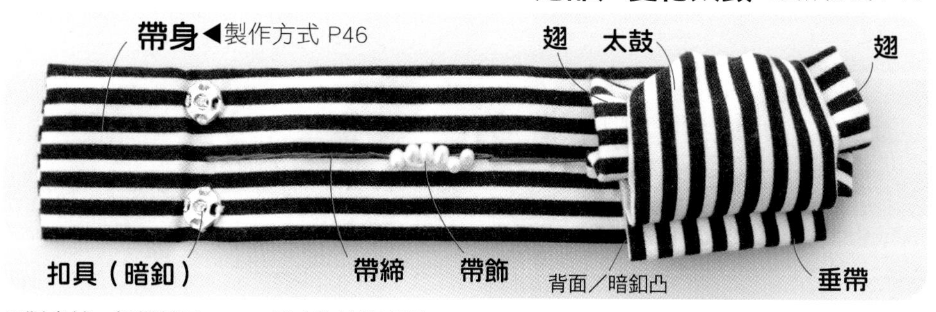

※脹雀結、蝴蝶結是 L・M 尺寸的娃娃專用。

尾部／變化蝴蝶結◀製作方式 P45

腰帶的各部位名稱

在製作方式的解說中，用以下名稱來做區別。

帶身…指纏在娃娃身體上的腰帶本體。

翅……綁蝴蝶結跑出來的左右側布的凸摺線部分。

手……打結時的腰帶前端。解說中是指蝴蝶結的打結處。

太鼓…腰帶的打結方式。在身後鼓起的部分。

垂帶…和手相反側的腰帶尾端。解說中是指從太鼓垂到外側的帶子。

改造例

蛇腹帶◀製作方式 P46

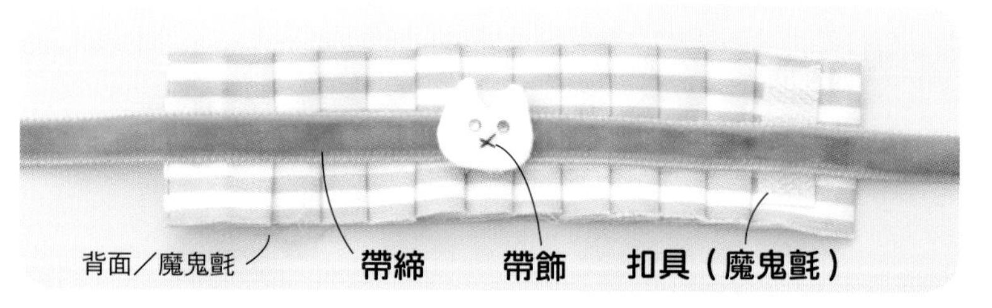

文庫帶◀打結方法 P47

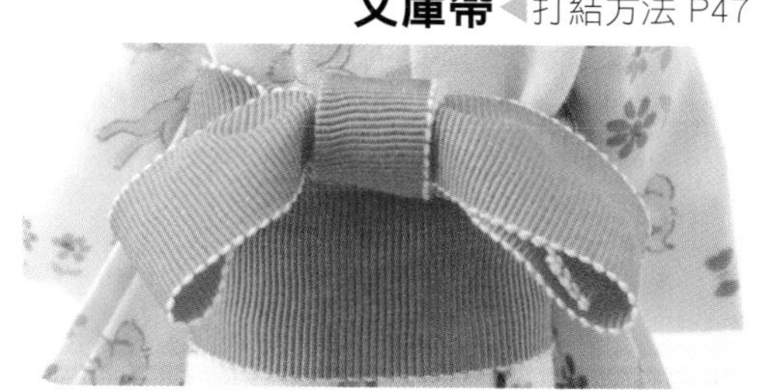

帶身的製作方式

※步驟是以 M 尺寸為例。

◆ 裁片的取得方式

◀ 蝴蝶結 P42

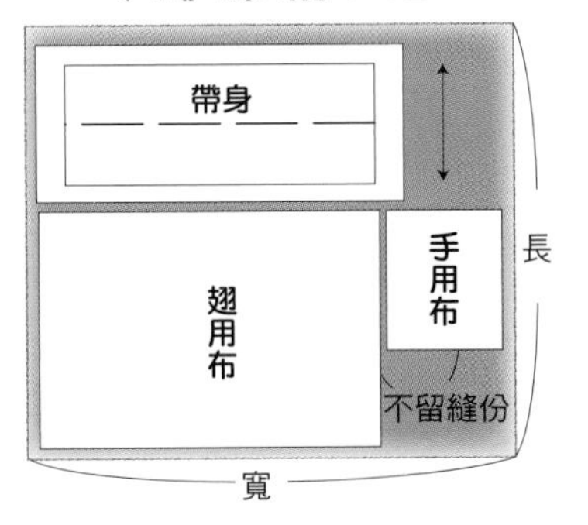

◀ 變化太鼓 P43

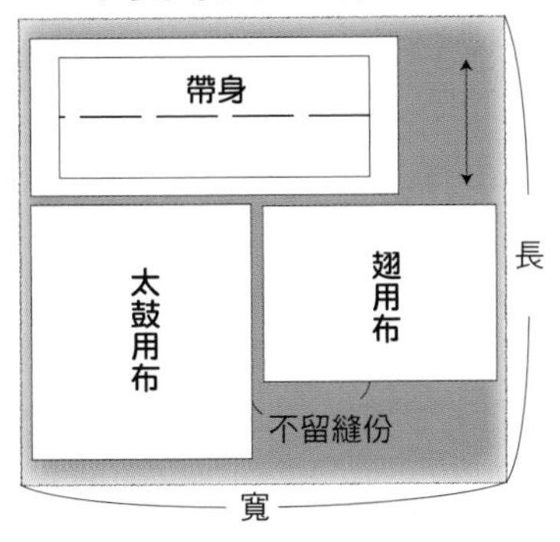

材料表上的衣料尺寸是布料無花紋時，將裁片像上圖那樣配置的數值。依據花紋的位置，擺放紙型的位置也會跟著改變，故尺寸會不同。

◆ 材料

腰帶用布（請參照右表）
單膠薄布襯（請參照右表）

娃娃	XS	S/M/L
腰帶用布（含帶身與尾部）	15×15cm	25×25cm
純帶身	15×5cm	20×10cm
布襯	10×5cm	20×5cm

※各尺寸的帶身、翅、手的紙型在附錄 B

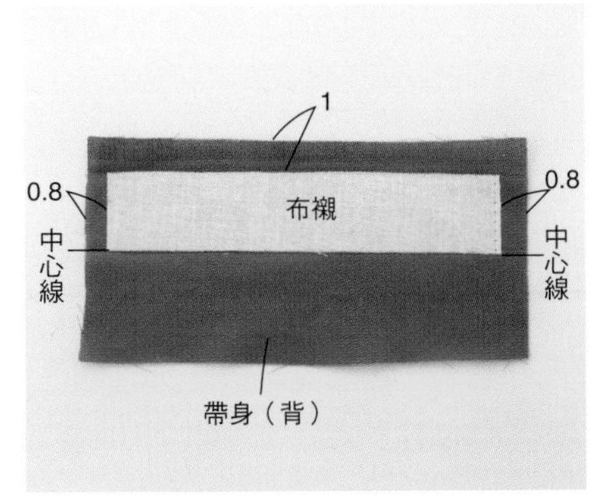

1 準備帶身用布。對摺後翻至背面，沿著中心線貼上布襯。

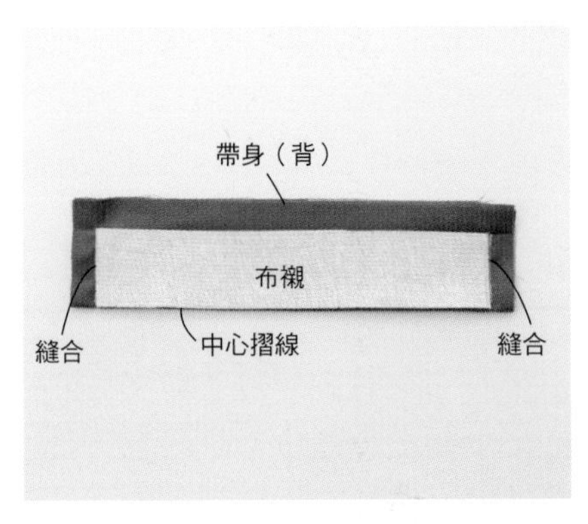

2 沿中心正面相對對摺，把布襯兩端縫上去。

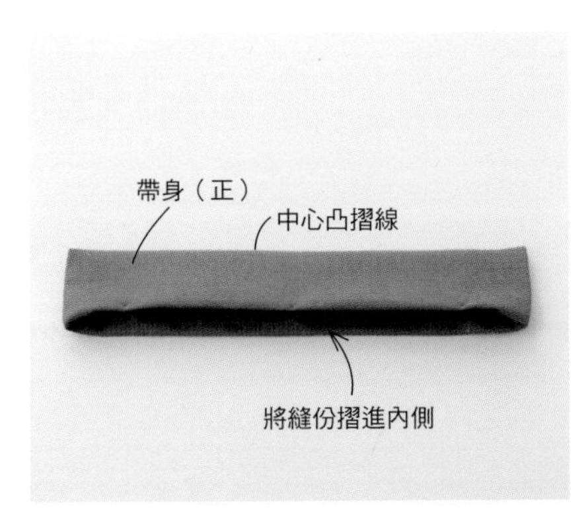

3 將縫份倒向沒有貼布襯的一邊，翻回正面。開口的縫份沿著布襯整齊地往內摺。

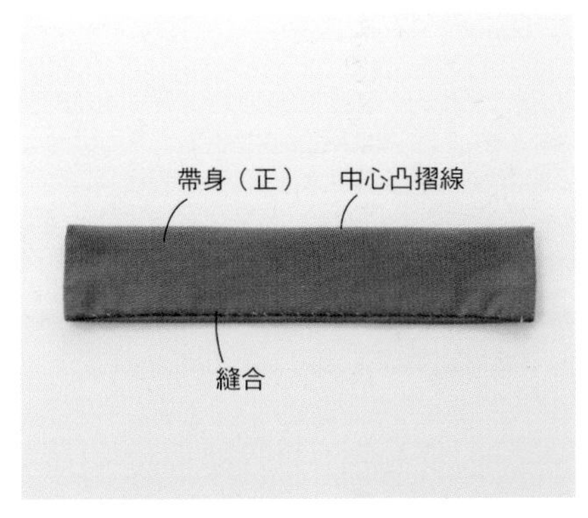

4 將開口的縫份以藏針縫縫合。帶身完成。

◆ arrange

用蕾絲做的帶身

緞帶或蕾絲、織帶等也可以代替帶身使用。請參考下方的尺寸表，拿素材在娃娃身上比對後再決定寬度和長度。

帶身的尺寸表

	帶身（寬×長）
L	3.5×16.5cm
M	3×16cm
S	2.8×14cm
XS	1.8×10cm

◆ 材料

3cm 寬的蕾絲 15cm、2cm 寬的魔鬼氈 1cm

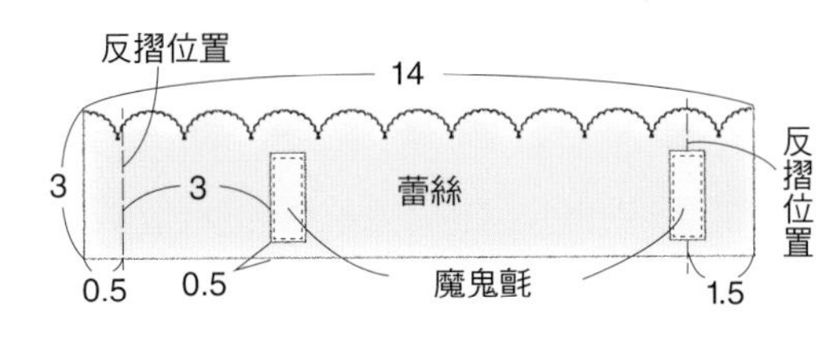

也可以與其他腰帶一起搭配享受。

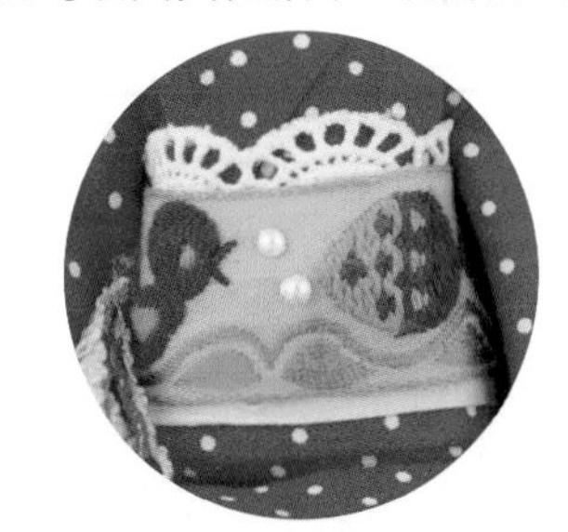

①將 3cm 寬的蕾絲剪成 16cm。
②照反摺位置往內摺，進行以藏針縫縫合。
③套在穿好浴衣的娃娃腰上，確認要安裝的位置後裝上魔鬼氈（安裝方法請參照 P31）。

尾部／蝴蝶結的製作方式

※步驟是以 S～L 的尺寸為例。
此外，也和用來裝飾髮帶等處的緞帶飾品做法上相通。

◆翅、手的紙型為附錄 B

◆ 各部位名稱

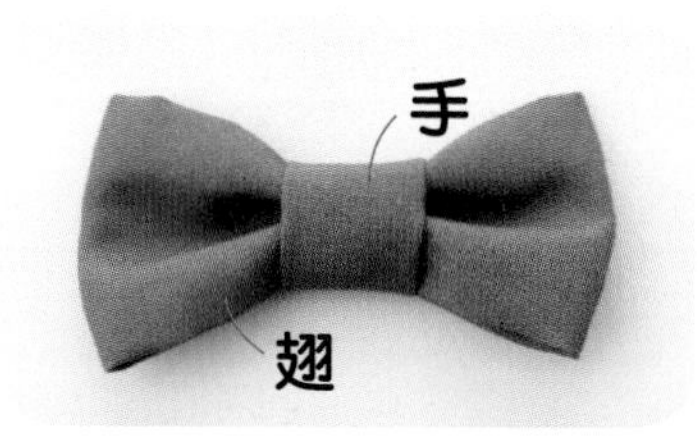

此處以上圖的名稱區別各裁片（也請參照 P40 腰帶的各部位名稱）。

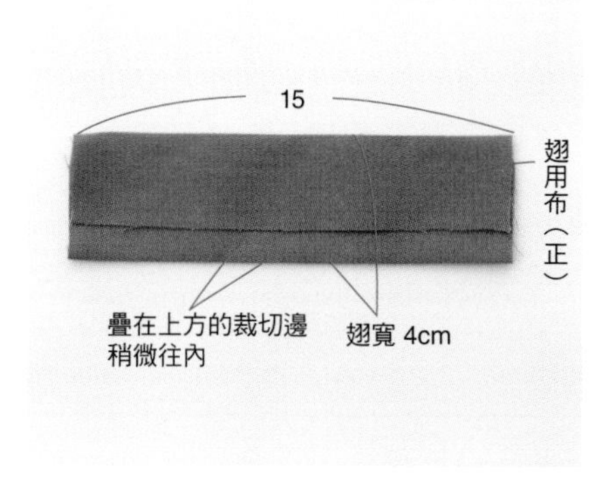

1 將翅用布以背面相對摺三摺成 4cm 寬。

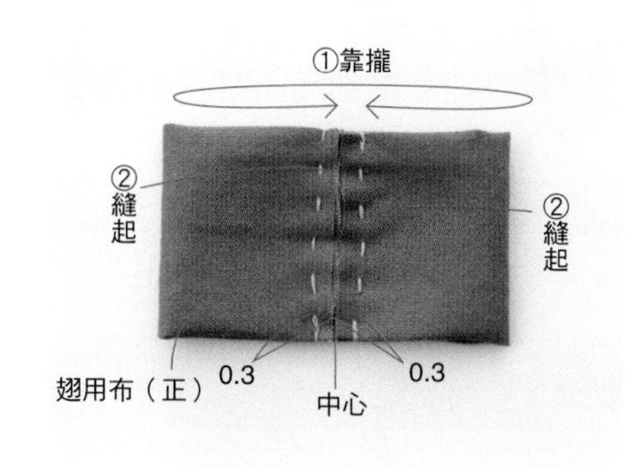

2 將兩端往內摺，在中心靠攏①，並縫起②。

3 將 2 條縫線纏在中心綁住。

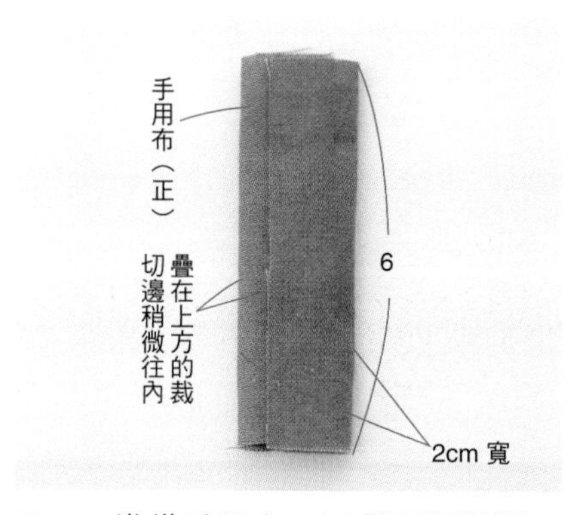

4 準備手用布，以背面相對摺三摺成 2cm 寬。

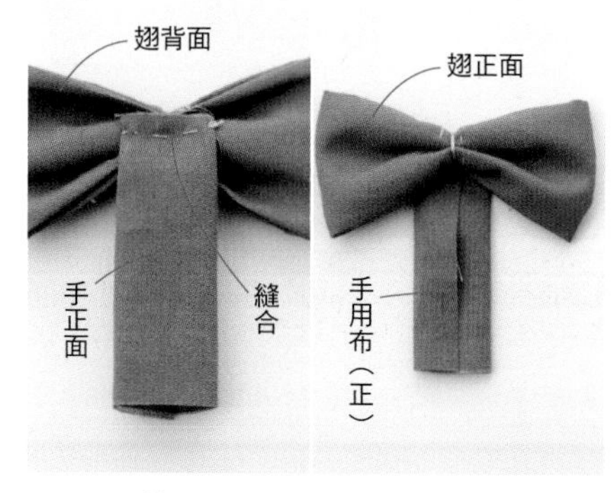

5 將 4 的手正面朝上，頂端對齊 3 的翅背面的中心，縫合。

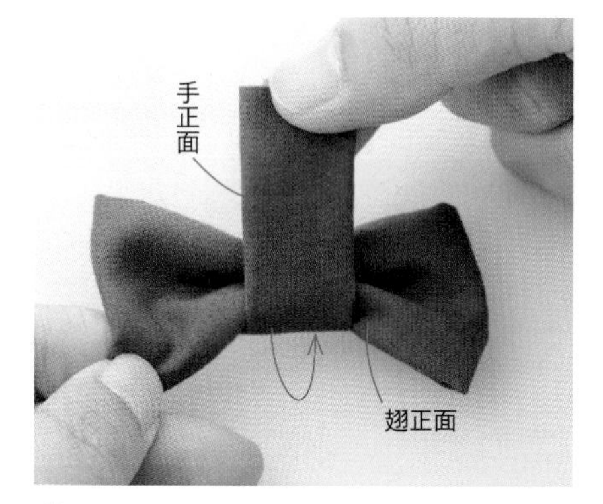

6 將翅轉回正面，將手從翅的下方纏繞。

7 將繞到翅背面的手的布邊摺進內側以藏針縫縫合，蝴蝶結完成。

◆ arrange 扭轉蝴蝶結

在 6 將手纏繞上去時，只要扭一下就能做出變化蝴蝶結。

尾部／變化太鼓的製作方式

※步驟是以 S～L 的尺寸為例。

※太鼓、翅的紙型為附錄 B

◆ **各部位名稱**

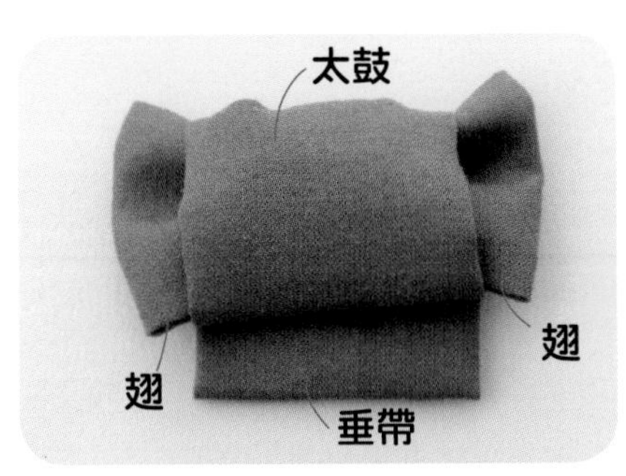

此處以上圖的名稱區別各裁片（也請參照 P40 腰帶的各部位名稱）。

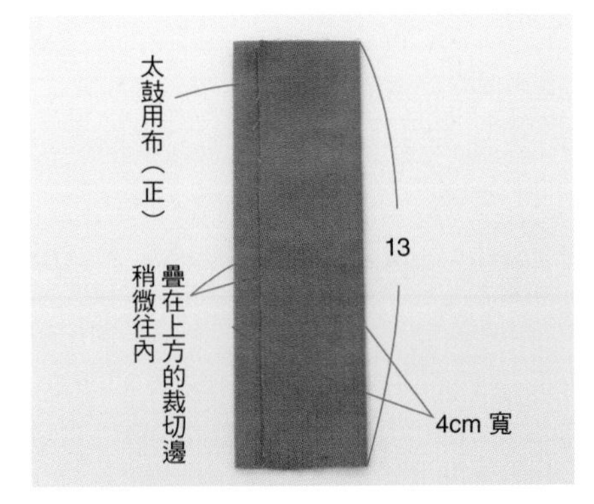

1 將太鼓用布以背面相對摺三摺成 4cm 寬。

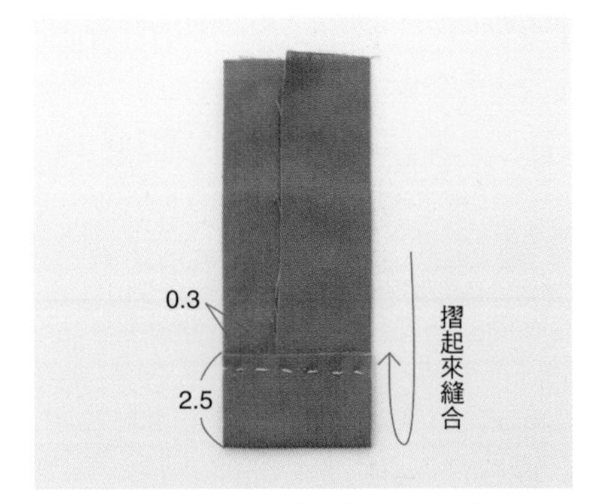

2 將下半部往上摺 2.5cm 縫合。

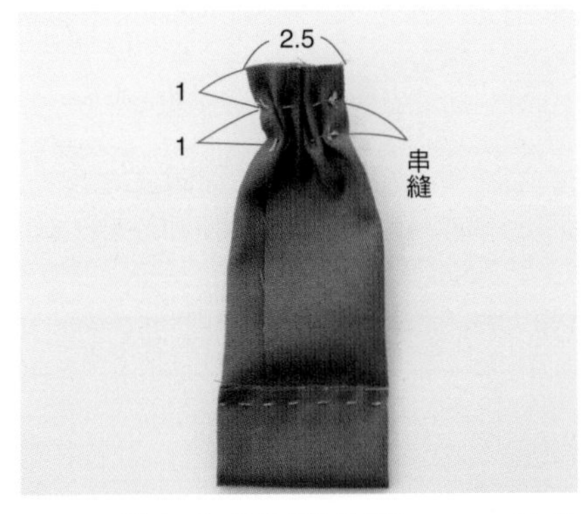

3 從上方裁切邊往下 1cm 的位置，以 1cm 間隔縫兩道串縫，再把線拉緊，讓布的寬度剩 2.5cm。

4 跟 P42「蝴蝶結的製作方式」到 3 為止以相同的步驟做出翅。※在 1 以翅寬 3.5cm 摺三摺。

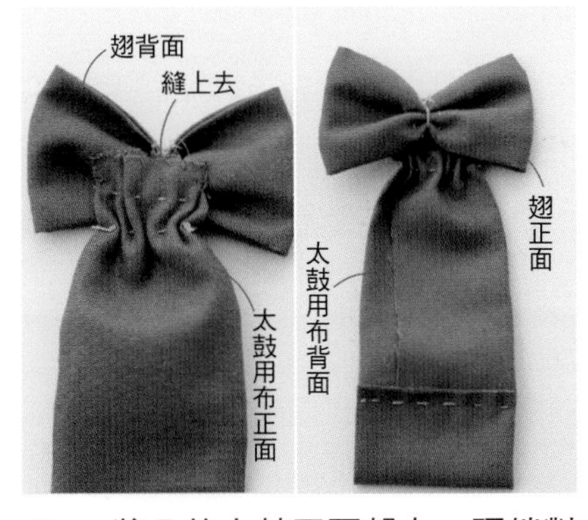

5 將 3 的太鼓正面朝上，頂端對齊 4 的翅背面的中心，縫合。

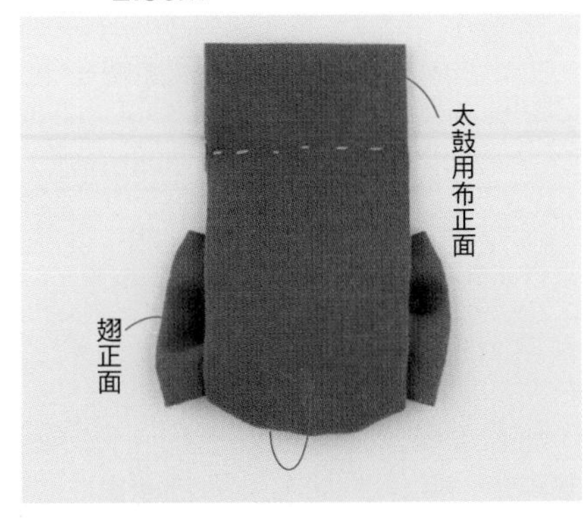

6 將 5 的太鼓在翅的上方往上摺。

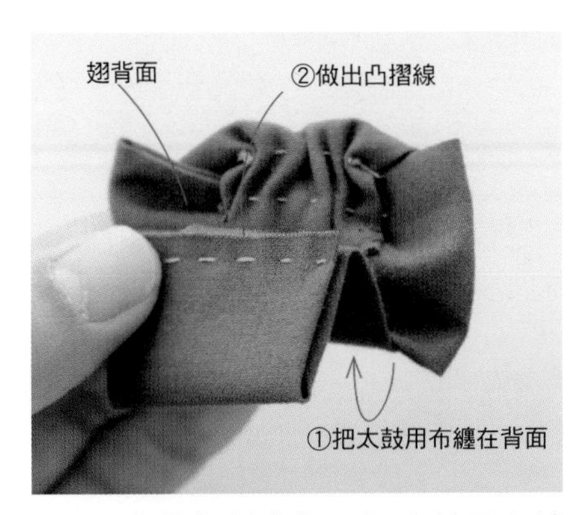

7 上下顛倒拿起，把太鼓用布纏在翅的背面①。在 2 往上摺的布邊位置做出凸摺線②。

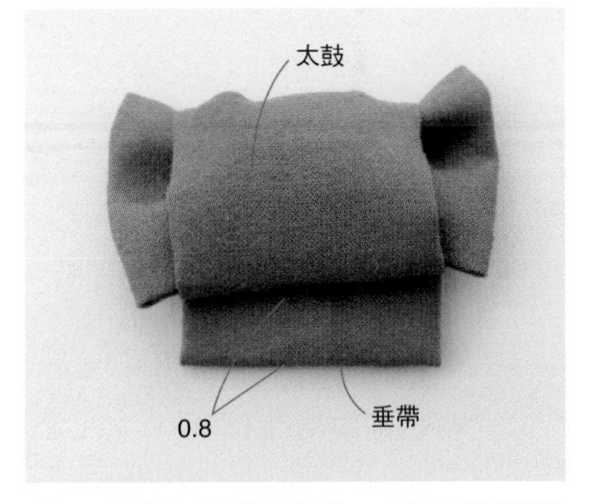

8 翻過來正面朝上，將形狀調整成太鼓用布的底部（垂帶）露出 0.8cm。

縫合
翅背面
垂帶背面

9 翻回背面，將太鼓用布縫在翅的背面上。變化太鼓完成。

腰帶的組合方式

將帶身與尾部組合，完成腰帶的方法。

1 做出帶身和尾部

◀ 請參照 P41～44

帶身與尾部要用同一條布。

2 替帶身加上裝飾

暫時先把尾部放在帶身上，一面觀察整體，一面加上帶揚、帶締、帶飾。

3 裝上扣具

◀ 請參照 P31 各種扣具

暗釦或魔鬼氈都 OK。實地把帶身捲在穿著浴衣的娃娃身上後再決定要安裝的位置。
※依據浴衣的布料，身體的厚度也會改變，故紙型上的位置僅供參考。

4 裝上尾部

讓實際穿上浴衣的娃娃套上帶身，決定要裝上尾部的位置並留下記號後，從娃娃身上取下進行縫合。

太鼓的製作方式

到步驟 3 完成的太鼓用布不包住翅而摺起來就可做出「太鼓」的尾部。
做「太鼓」的情況，並不需要翅用布。

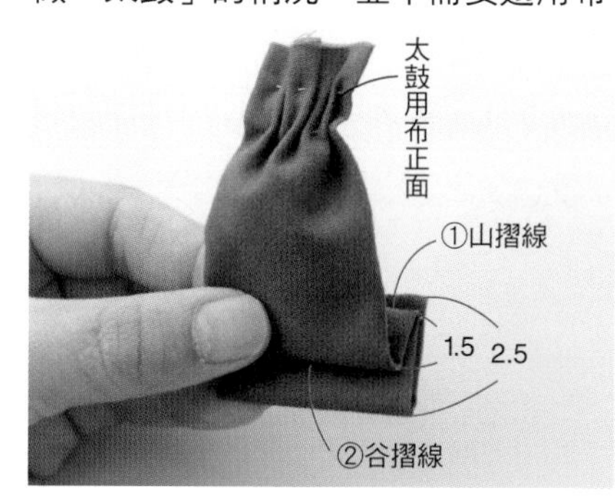

1 重新讓太鼓用布的正面朝向自己，將在 2 往上摺的布邊位置做出山摺線①。往上 1.5cm 的地方做出谷摺線②。

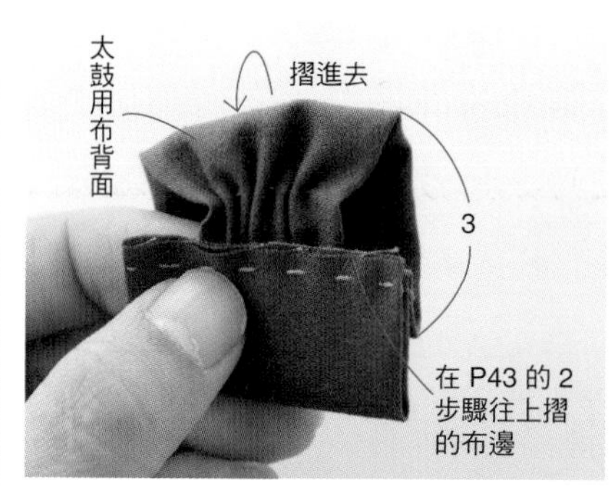

2 重新讓背面朝向自己。從太鼓用布的上方往下 3cm 位置朝背面做出山摺線，摺進內側。

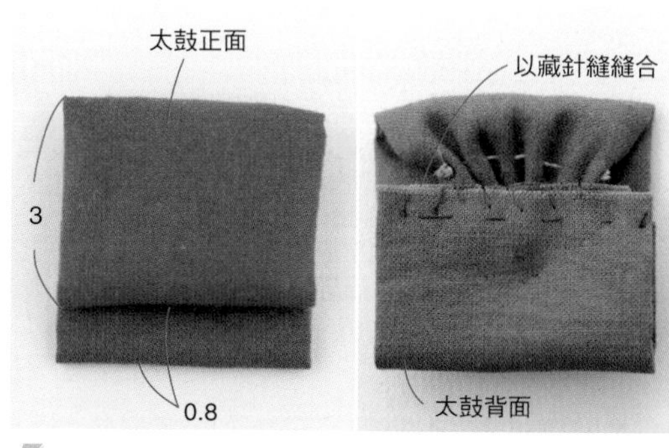

3 重新讓正面朝上，將形狀調整成太鼓用布的底部（垂帶）露出 0.8cm（左圖）。翻至背面，把在 2 往上摺的布邊縫合在背面（右圖）。

尾部／變化蝴蝶結的製作方式

※步驟是以 M、L 的尺寸為例。

◆ 材料

2cm 寬的羅緞緞帶 55cm（XS 尺寸）
2.3cm 寬的羅緞緞帶 60cm（S 尺寸）
2.6cm 寬的羅緞緞帶 67cm（M、L 尺寸）

◆ 使用緞帶

此處使用羅緞緞帶。用喜歡的緞帶來製作吧！緞帶的兩端事先塗上防綻液。

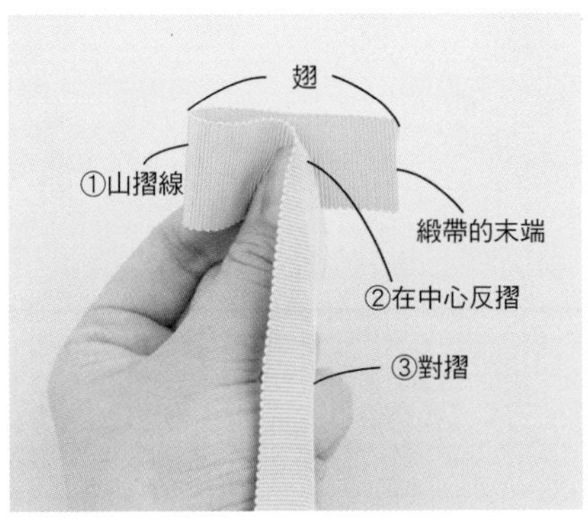

1 決定最上面翅的大小，摺出山摺線①，在中心反摺②。將靠近自己這一側的緞帶摺成一半③。

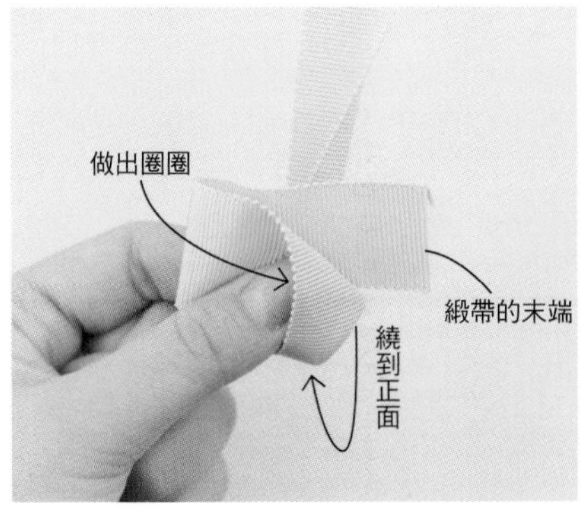

2 將在 1 摺成一半的緞帶繞到正面，在靠近自己這一側做出環。這時要繼續夾住拇指保持環的狀態。

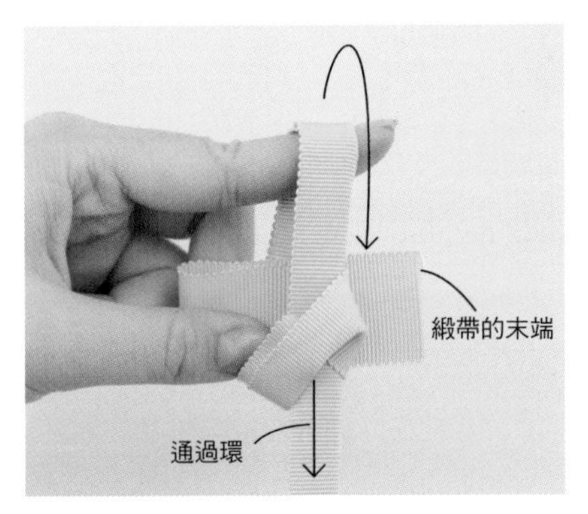

3 把繞到正面的緞帶拉回靠近自己這一側，通過 2 做出環。

4 將緞帶往下拉並打結。

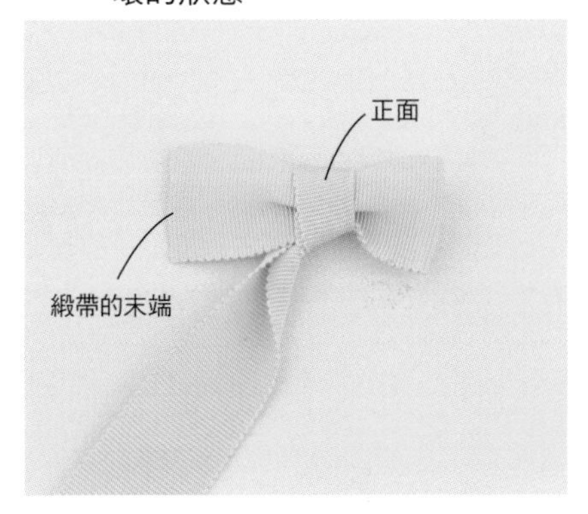

5 從正面看起來的樣子。

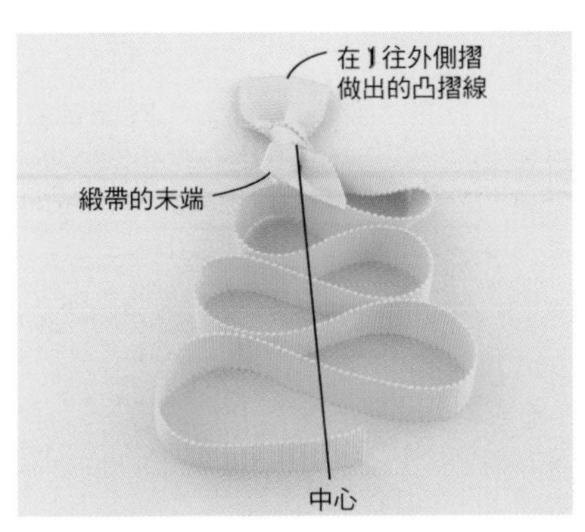

6 將在 4 打好的結當作中心，將緞帶摺六次蛇腹褶。如照片做成往外側擴散的形狀。

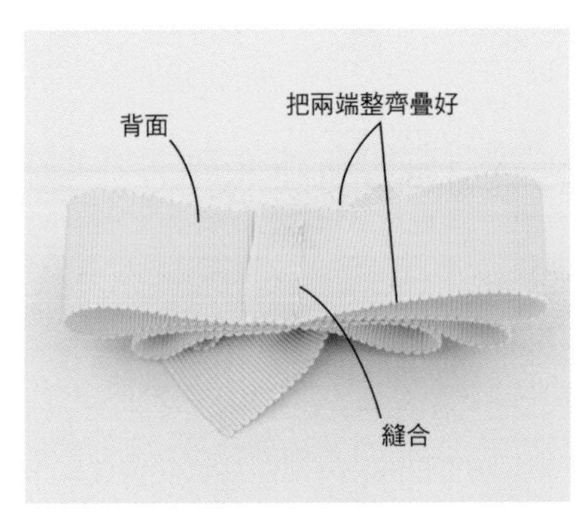

7 將摺成蛇腹褶的緞帶兩端整齊疊好，以手縫縫合，這時最上方的翅只要縫底部。

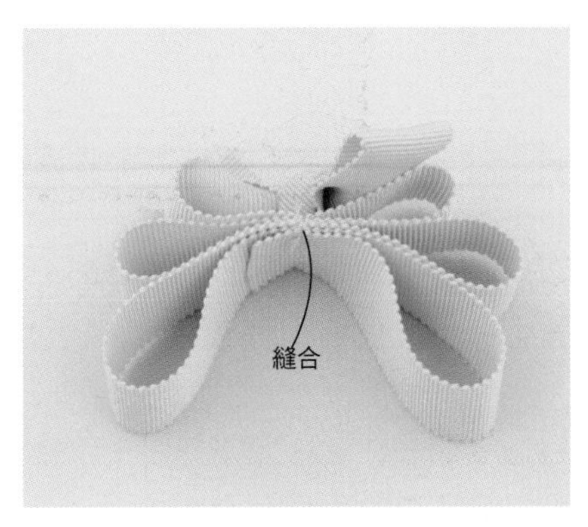

8 為了不讓疊好的緞帶散開，側面也確實縫合。變化蝴蝶結完成。

蛇腹帶 的製作方式

※步驟是以 S～L 的尺寸為例。

◆ **材 料**

腰帶用布 5×65cm、帶締用 0.9cm 寬天鵝絨緞帶 50cm

※紙型在附錄 A

◆ point **布料的取得方式**

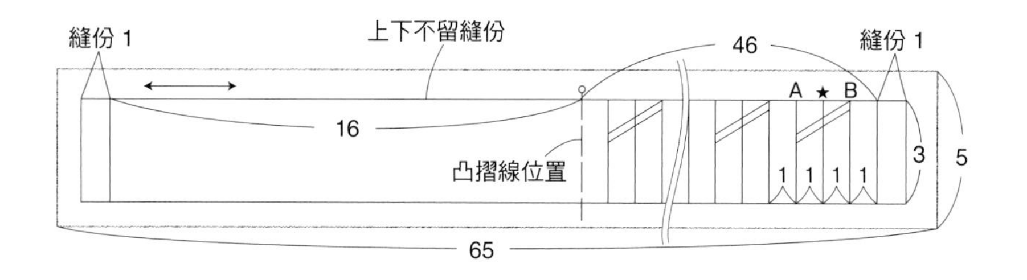

尺寸是將橫條紋配置為平行長邊方向時的數值。如果不管花紋方向的情況，把腰帶的方向轉 90 度來取得裁片也 OK。書上的作品是裁切上下兩邊。沒有塗防綻液，而是活用裁切邊的質感。

◆ **注意單向褶記號！**

紙型上用左下圖片的斜線條表示將布摺起來做出的褶子。斜線部分表示褶子的寬度和摺的方向，從裁片的正面看，由斜線的上往下摺（請參照下方圖片）。

※紙型上記載的指示為摺 15 次 1cm 寬的褶子，但這裡是以完成後的寬度為優先。紙型上的記號僅供參考，請配合布料調整摺的次數和褶子的深度。

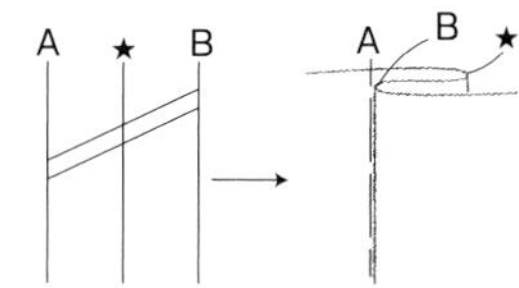

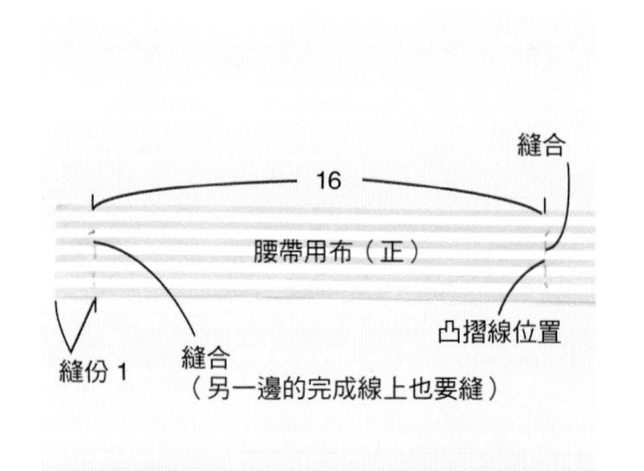

1 在裁切成 64×3cm 的腰帶用布左右兩端的完成線，以及中央的凸摺線位置上用縫線做出記號（可擦拭的記號筆也可）。

2 以 1cm 間隔摺出褶子，用珠針暫時固定。重複這個動作摺出褶子，直到中央的凸摺線位置前。

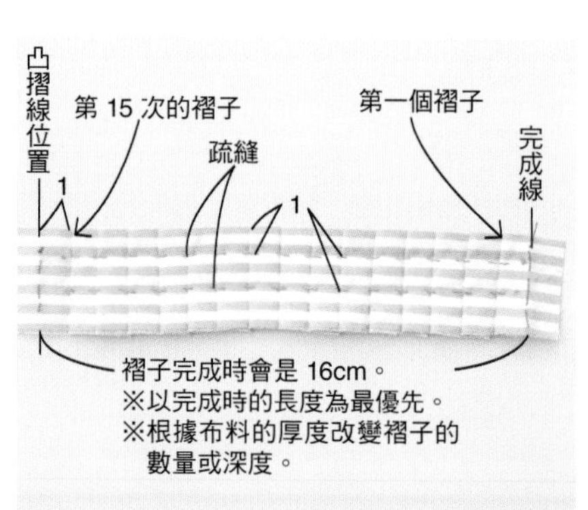

3 調整褶子的深度讓凸摺線位置到完成線為 16cm 長，並縫兩條疏縫線暫時固定。

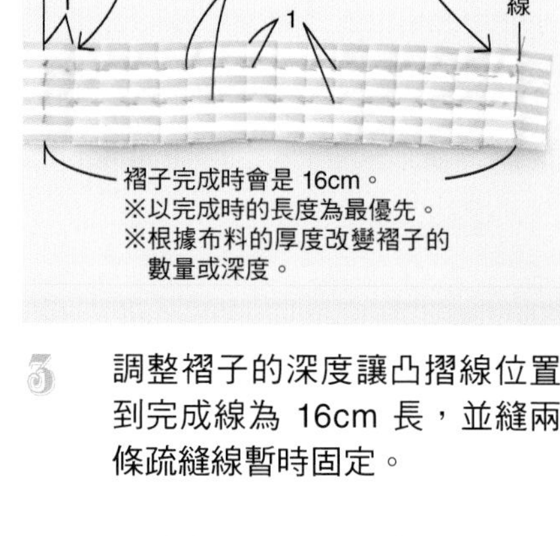

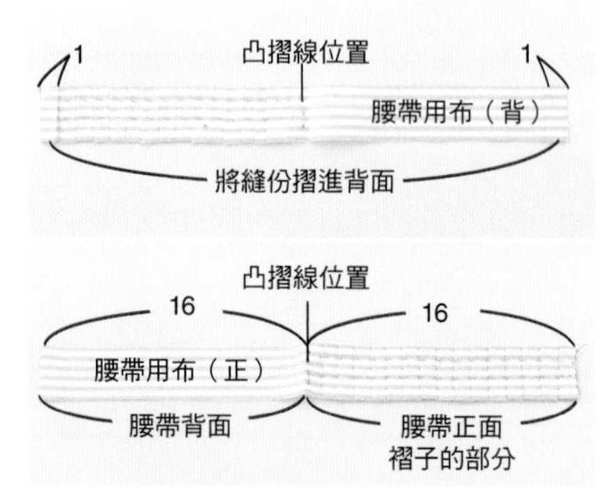

4 將左右的縫分往內摺。以凸摺線位置為中心，右邊的褶子部分為腰帶的正面，左邊則為背面。

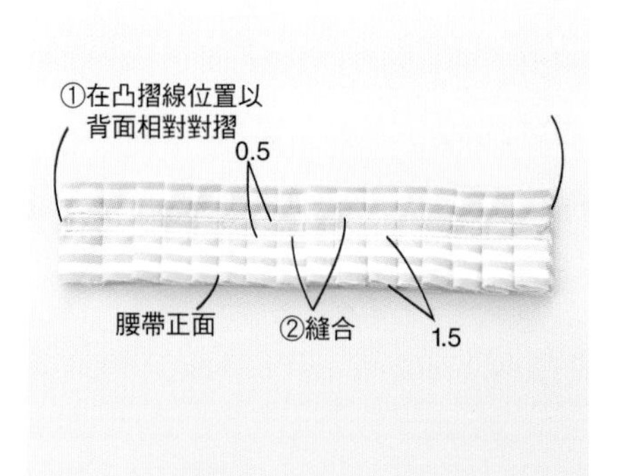

5 在凸摺線位置以背面相對對摺①，在中心線上與往上 0.5cm 的位置縫合②。拆掉疏縫線。

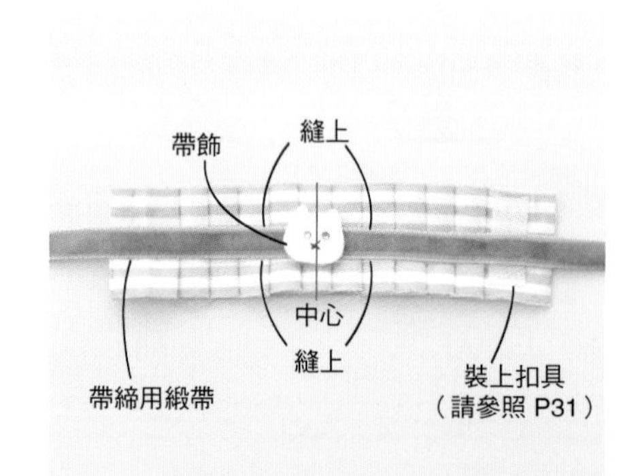

6 將緞帶加上喜歡的帶飾，在 **5** 的縫線上和中心疊合。在中心附近將緞帶縫上、裝上扣具，完成。

文庫帶 的綁法

※浴衣的著裝請參照 P48。
※步驟是以 M 的尺寸為例。

◆ 各部位名稱

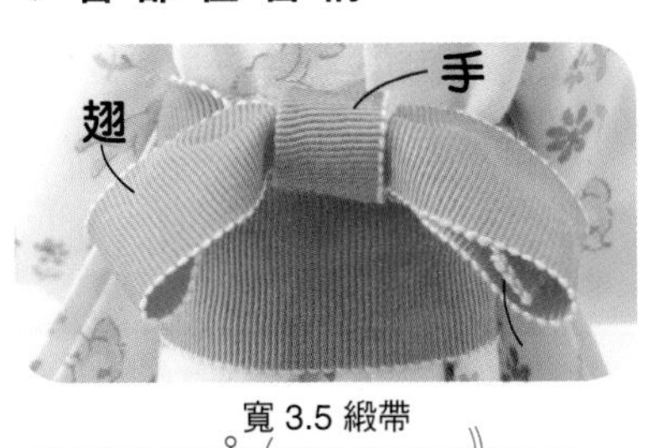

此處以上圖的名稱進行解說。
（也請參照 P40 腰帶的各部位名稱）

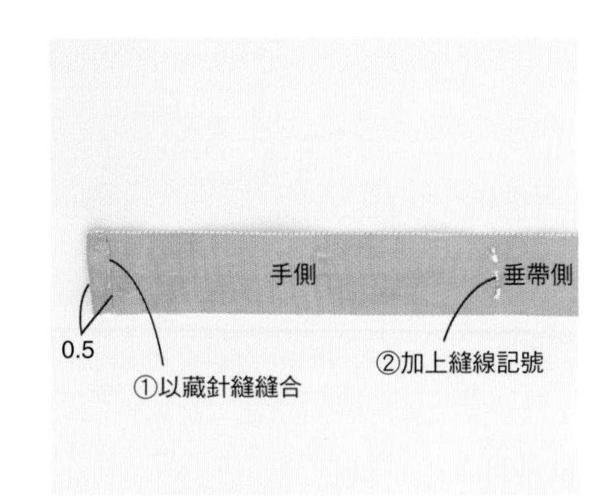

1 將緞帶兩端以 0.5cm 寬摺兩摺以藏針縫縫合①。在手與垂帶的分界縫線當記號②。

◆ 材料

1.8cm 寬的緞帶 40cm（XS 尺寸）
3cm 寬的緞帶 55cm（S 尺寸）
3.5cm 寬的緞帶 57cm（M、L 尺寸）

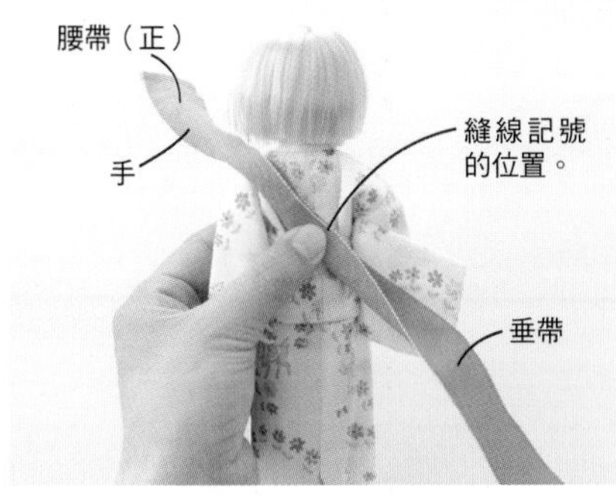

2 在縫線記號的位置將緞帶以背面相對（兩端有摺好部分的為腰帶背面）摺半，放在穿上浴衣的娃娃腰部中央處。

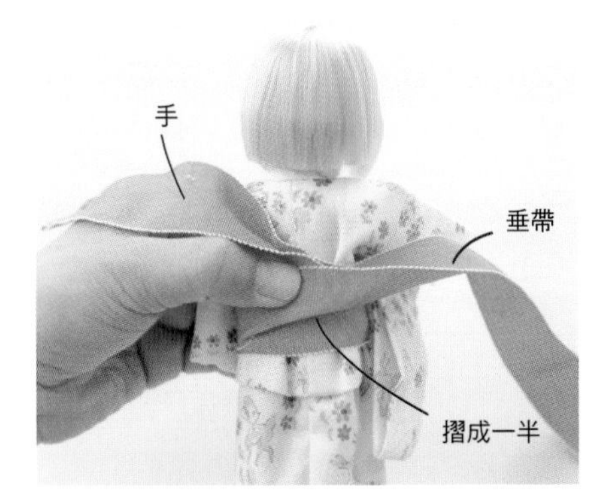

3 將腰帶的垂帶在腰上繞兩圈。把垂帶從腋下處向上摺成三角形。

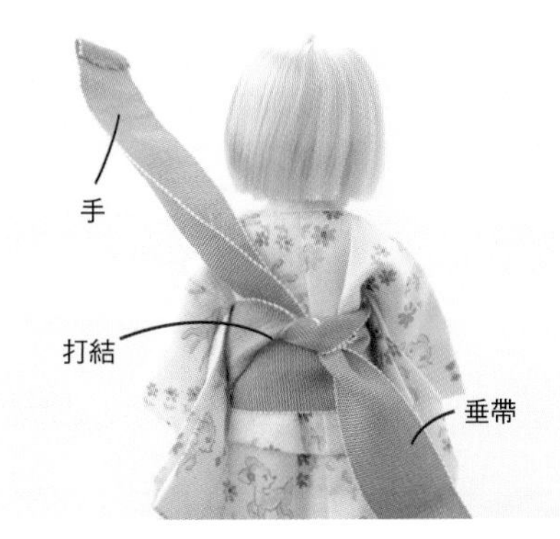

4 在腰部中央打一個結。這時要在腰帶的上緣以手在上的方式打結。

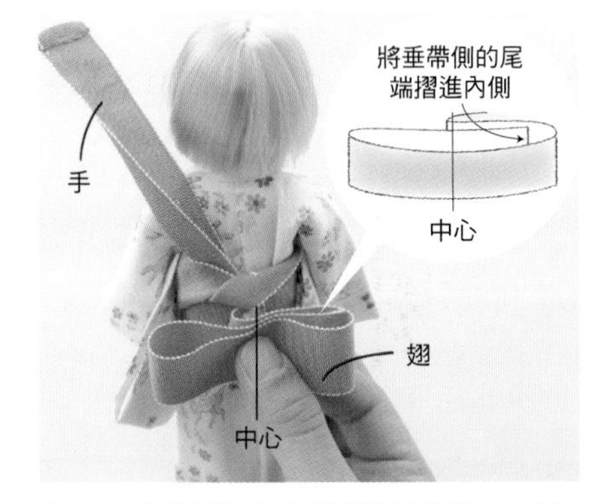

5 在腰帶的上緣攤開垂帶，以打結處為中心做出翅。

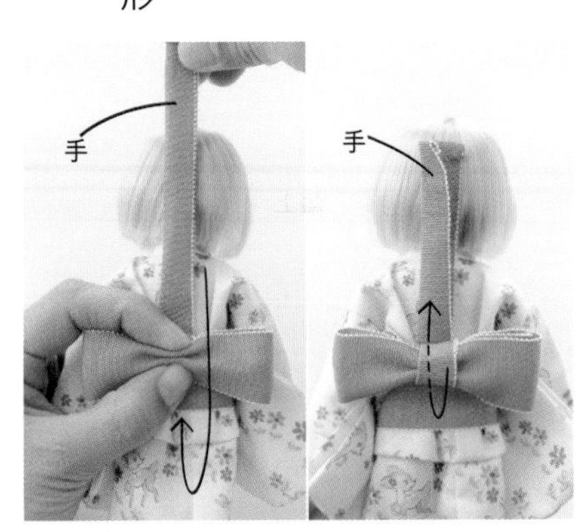

6 捏住翅的中心弄出皺褶。讓手下垂，繞翅的皺褶一圈穿過打結處的下方。

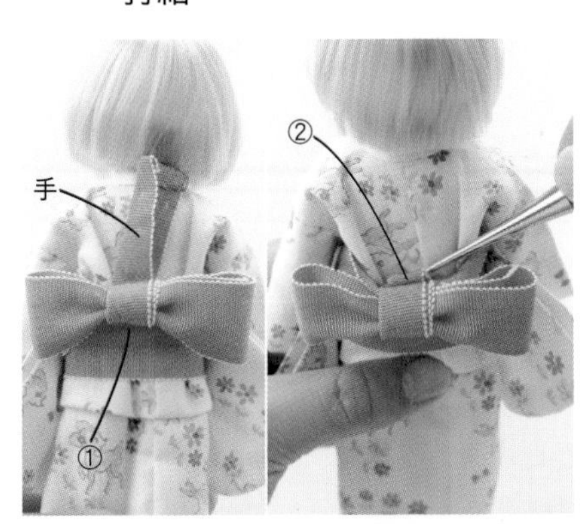

7 與 **6** 相同將手纏繞在打結處①。把多出來的手繞到最後，用錐子之類的東西摺進腰帶和浴衣之間②。

8 整理翅的長度及弧線。正面為右邊照片。文庫結完成。

著裝

讓娃娃穿上做好的浴衣吧！
事前先修正娃娃的體型就可以穿得很美。
在腰部纏上棉紗帶等讓曲線消失是重點。

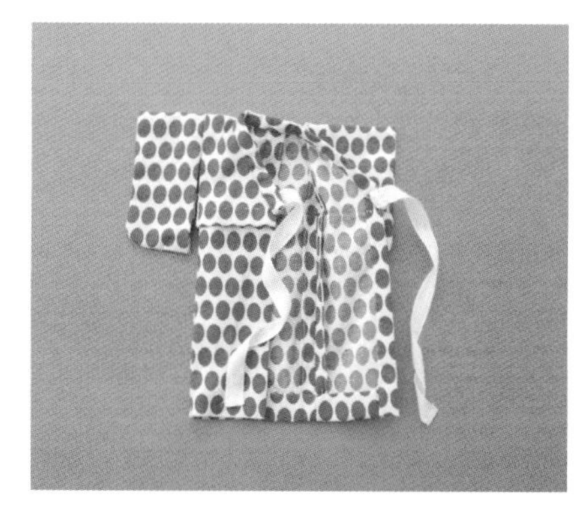

1 準備浴衣。要加上半領的話，事先與襟領的中心疊合縫上。

2 套上浴衣。將內側（右）的綁帶穿過外側（左）的身八口。

3 綁帶在背後交錯。

4 整理襟領的均衡，將綁帶在前方打結。事前準備完成。接著就繫上喜歡的腰帶。

著裝完成！
像右邊照片那樣用蕾絲取代半領也很棒。

再來一些追加的小物

配合半領或分趾襪可以讓穿搭更加豐富。
在著裝前，半領稍微縫在浴衣上，並讓娃娃穿上分趾襪吧！

半領（S~L 尺寸）

◆ 材 料

半領用布 5×25cm
※完成尺寸為 1×18cm

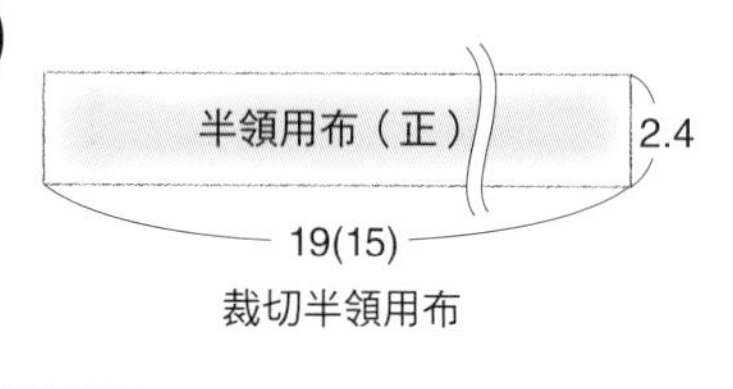

裁切半領用布

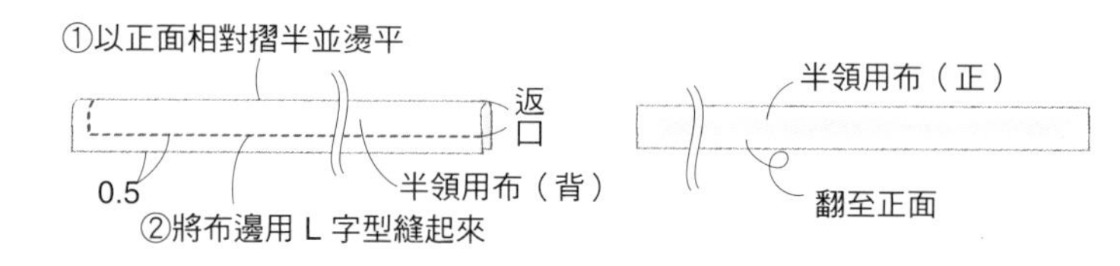

分趾襪（S~L 尺寸）

◆ 材 料

分趾襪用布 10×10cm
寬 0.5 蕾絲 10cm
※紙型在 P93
※建議選用有伸縮性的素材。

裁切分趾襪用布

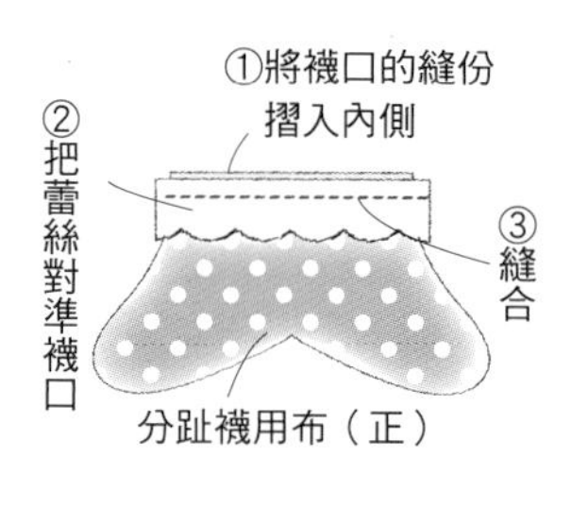

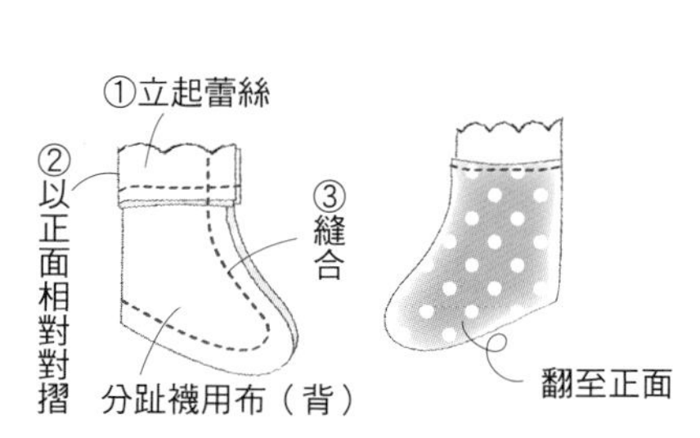

荷葉邊甚平 Lesson

介紹改造自浴衣的「荷葉邊甚平」製作方式。
上衣是不管什麼尺寸的娃娃都能享受的單一尺寸。

荷葉邊甚平的基本構造

以「浴衣」的紙型為基底，將肩部和下襬改造成荷葉邊的「荷葉邊甚平」。
因為設計成單一尺寸，所以不管什麼娃娃都能穿上。
※XS 尺寸可將上衣當連身裙穿，燈籠褲則無法對應。

荷葉邊甚平的各部位名稱

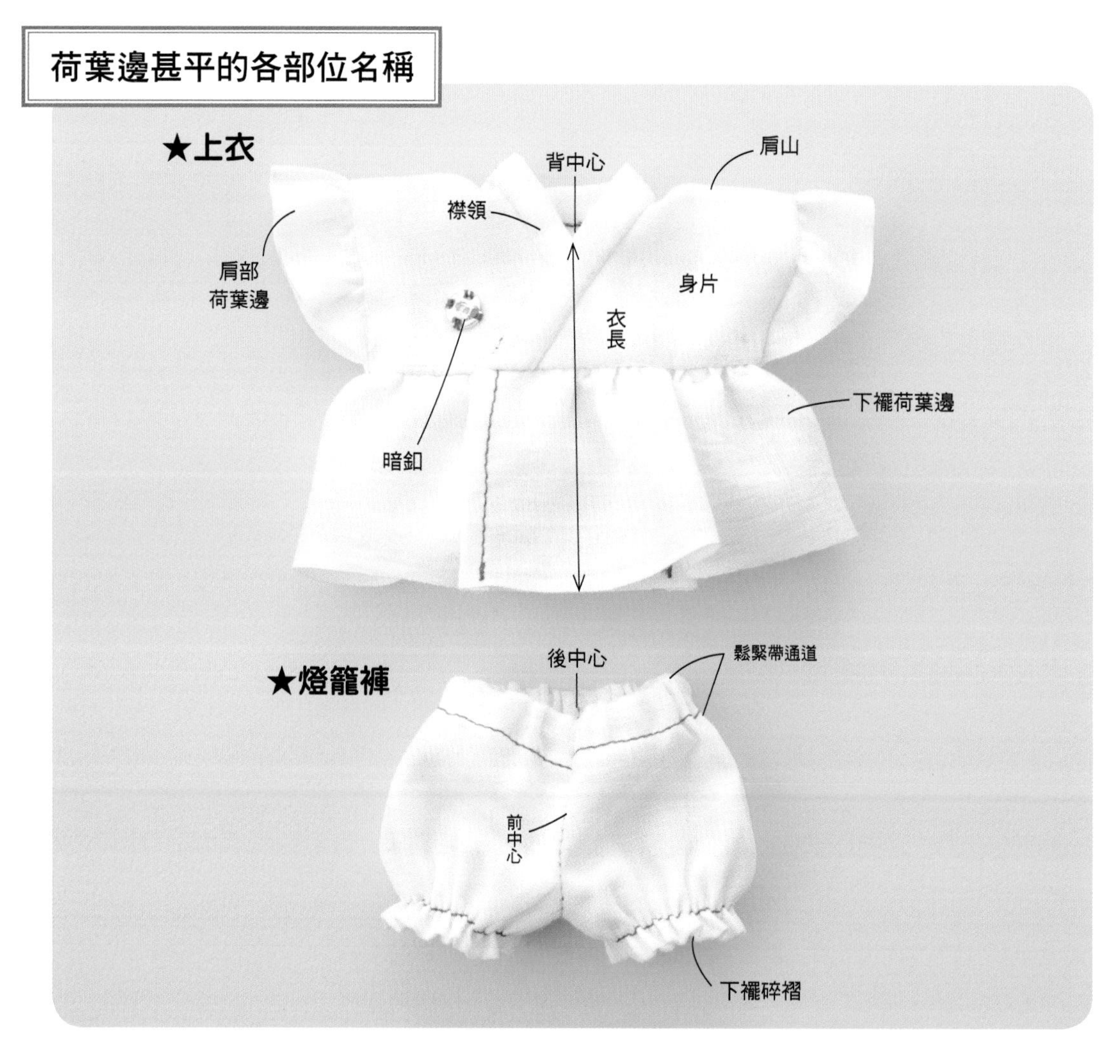

chimachoco 原創「荷葉邊甚平」的特點

★靠上衣的肩部荷葉邊和下襬荷葉邊讓尺寸不再有限制

將長寬容易造成尺寸上有限制的衣袖，用肩部荷葉邊代替。下襬設計成就算變短版也很可愛的下襬荷葉邊。做成適合各種娃娃穿的成品。

★褲子選擇很有量感的燈籠褲

說到實際的甚平，一般都是搭配短褲，但這裡選用燈籠褲。為了讓各種尺寸的娃娃穿起來都合適，製作含有大量碎褶，量感十足的燈籠褲。

荷葉邊甚平的各部位名稱

襟領・・・・・・脖子周圍的部分。會在胸口交叉。
肩部荷葉邊・・・縫在身片肩膀部分的荷葉邊。
下襬荷葉邊・・・縫在身片下方的荷葉邊。
鬆緊帶通道・・・摺三摺加上鬆緊帶口的部分。
下襬碎褶・・・・將下襬內縮的碎褶。
此處在下襬內側會縫上鬆緊帶。

荷葉邊甚平／上衣 的製作方式

※為單一尺寸。

◆ 材料

甚平用布 25×65cm
（含燈籠褲／僅上衣為 15×65cm）
直徑 0.7cm 的暗釦 1 組
※紙型為附錄 B

◆ 裁片的取得方式

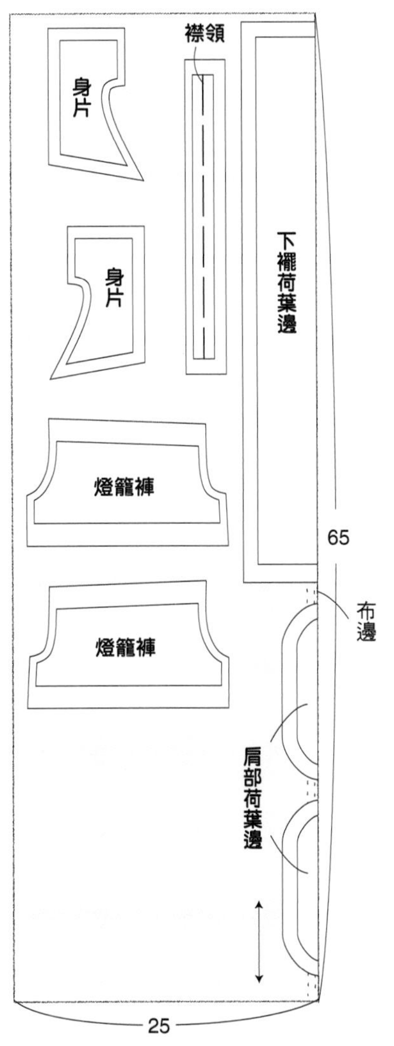

材料表上的衣料尺寸是將裁片像上圖那樣配置時的數值。下襬荷葉邊與肩部荷葉邊利用「布邊」來營造輕巧的印象。請準備左右某一邊含有「布邊」的布料。若無法準備含「布邊」的布料，請將配置下襬荷葉邊與肩部荷葉邊的裁切邊確實塗上防綻液，或裁切時留下 1.5cm 左右的縫份，摺三摺以藏針縫縫合。

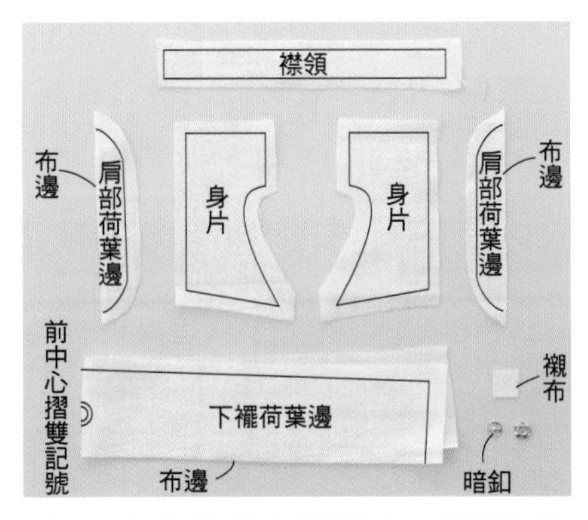

1 在各裁片上做記號，並進行裁切。事先剪好大小 1×1cm 左右的襯布。

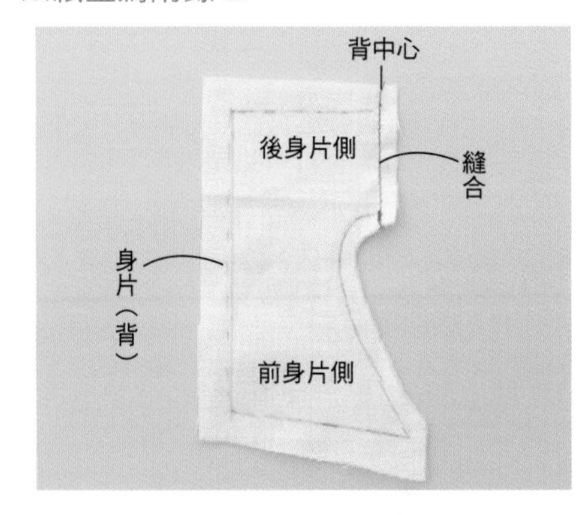

2 將兩片身片以正面相對疊合，將背部縫合。

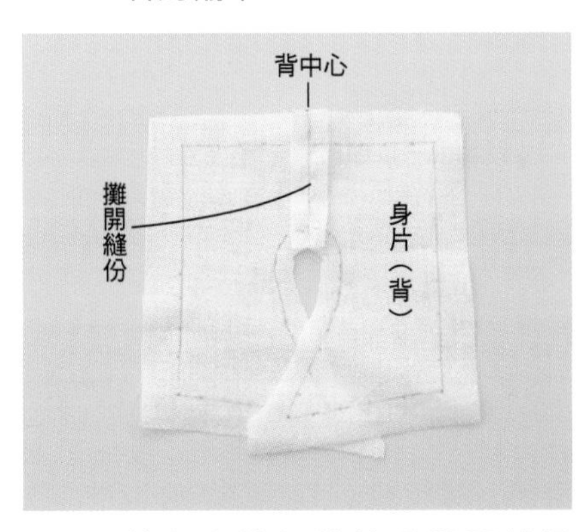

3 將在 **2** 縫好的縫份攤開並燙平。

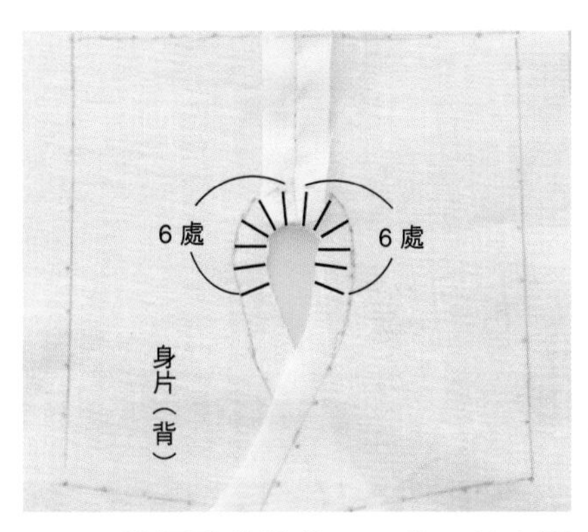

4 將領孔的縫份 12 處，剪出深度到完成線的牙口。

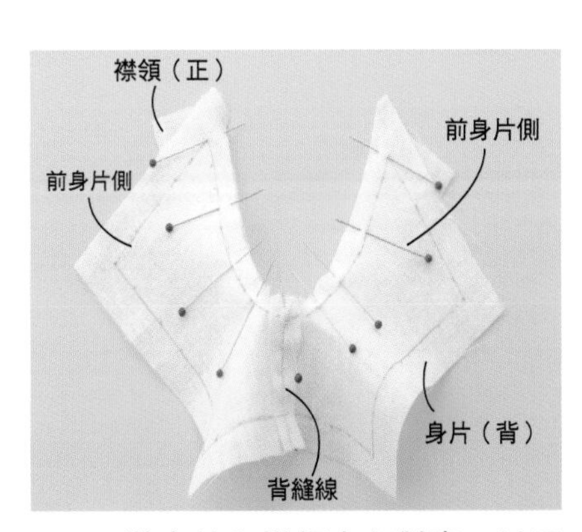

5 將身片和襟領中心對齊，以正面相對疊合，接著用珠針暫時固定。

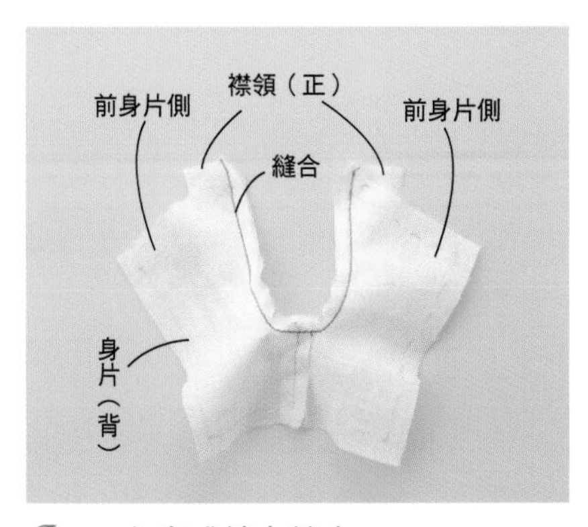

6 在完成線上縫合。
※縫合時身片在上。

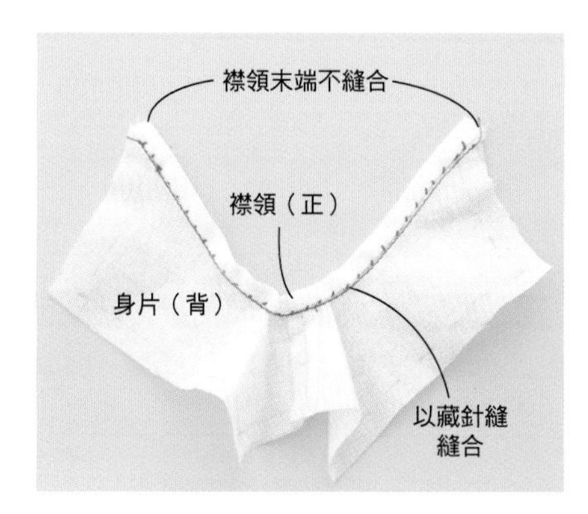

7 將**6**的縫份包起來處理以藏針縫縫合（縫份的處理方式請參照P36的重點）。

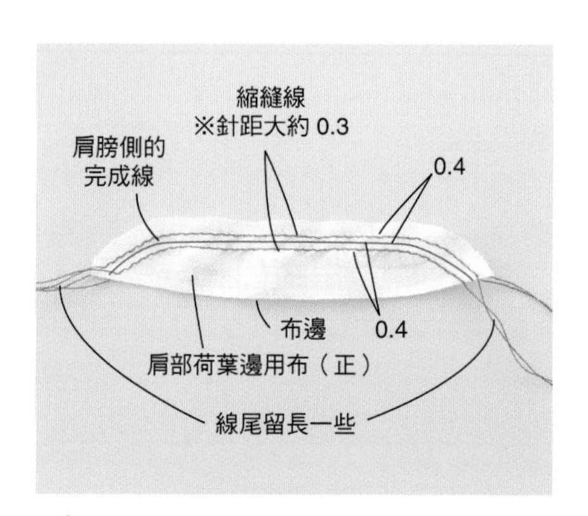

8 肩部荷葉邊用布於肩膀側的完成線上以機縫縫上縮縫線（手縫的話用串縫）。

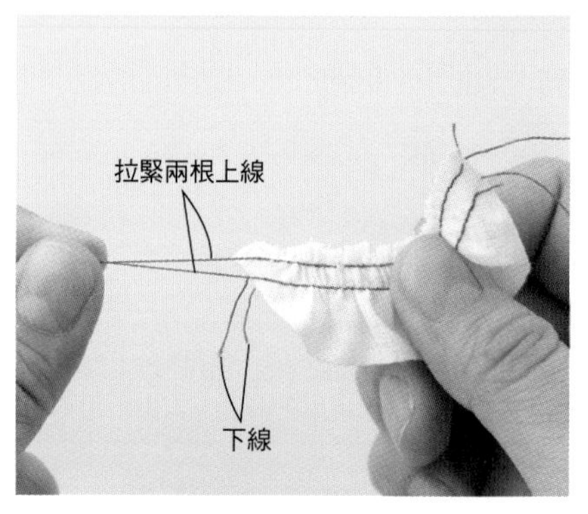

9 一起拉緊縮縫線的兩根上線，做出碎褶。請注意不要拔出線尾。

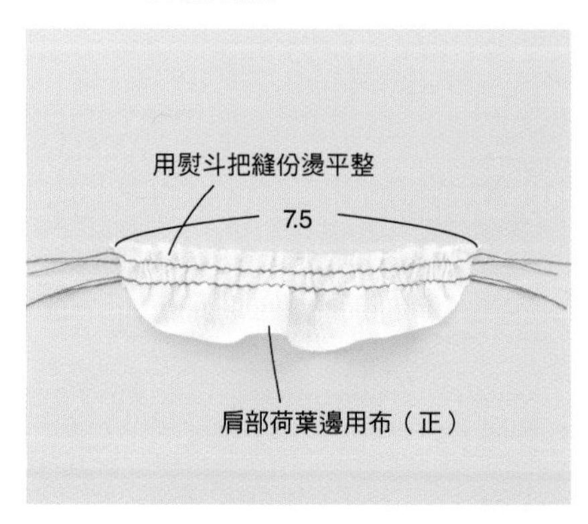

10 一面調整讓碎褶大小一致，一面讓長度延伸至 7.5cm，只燙平縫份。

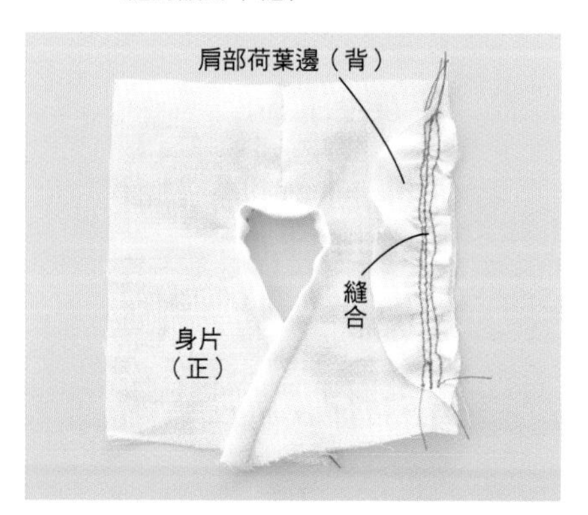

11 把肩部荷葉邊以正面相對疊在身片的接合位置上，縫合。
※縫合時荷葉邊在上。

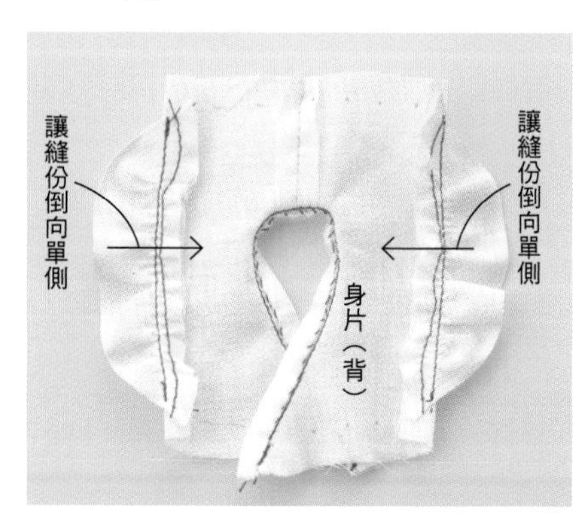

12 另一邊的肩部荷葉邊也和**11**用相同方法縫上，將縫份倒向身片側並燙平。

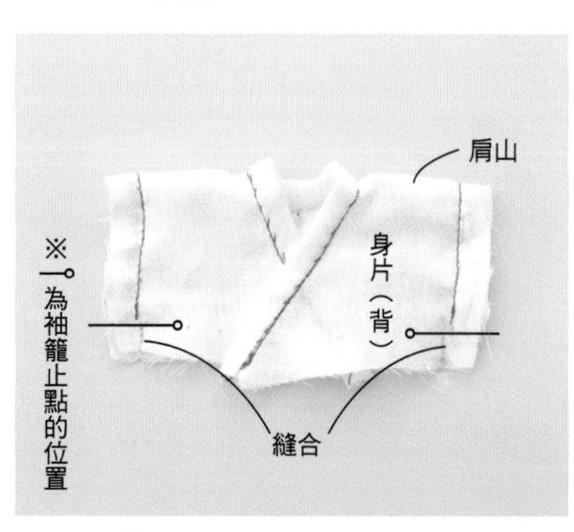

13 將身片沿肩山以正面相對來對摺。前後身片疊合，把肩部荷葉邊下方的縫份縫合。

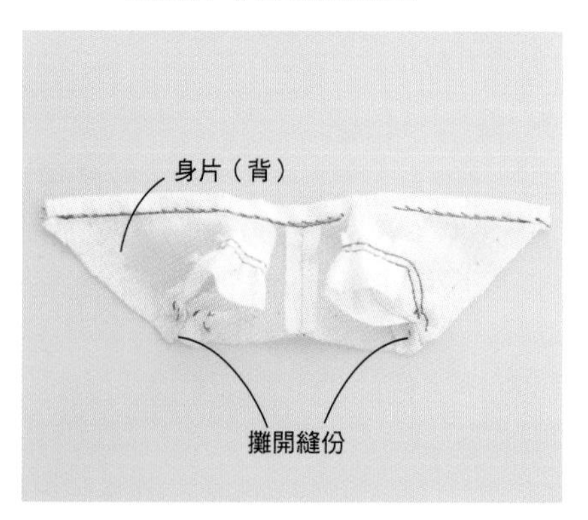

14 攤開在**13**縫合的縫份，只燙平縫份。

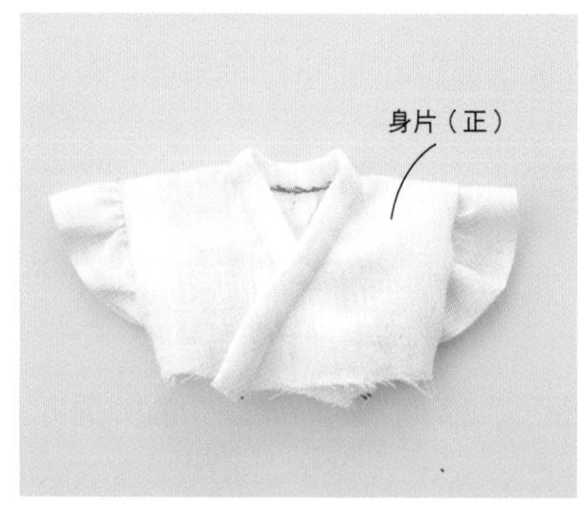

15 翻至正面。

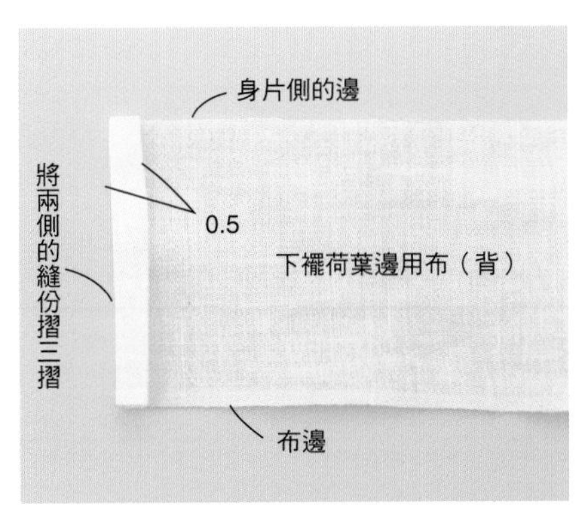

16 準備下襬荷葉邊用布，把兩側的縫份往內摺三摺，用熨斗燙平（摺三摺的方法請參照 P35）。

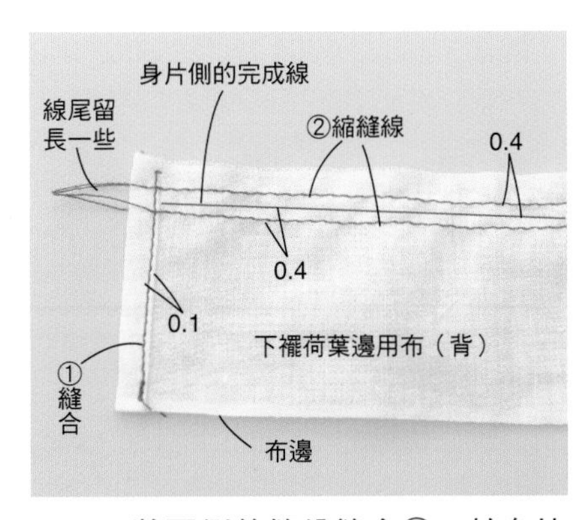

17 將兩側的縫份縫合①。於身片側完成線的上下機縫上縮縫線②（手縫的話用串縫）。

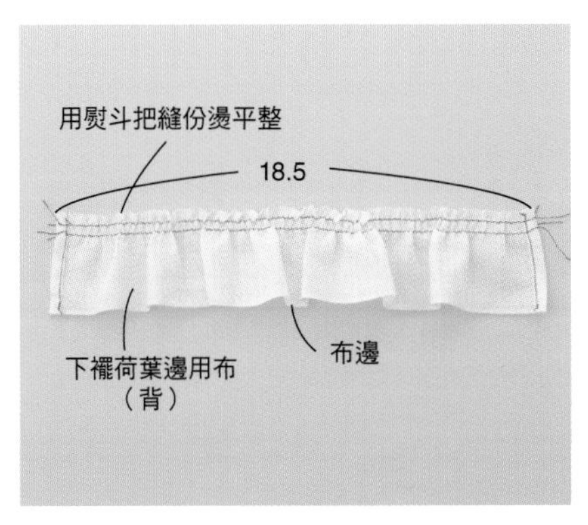

18 和 9 一樣做出碎褶，長度裁為 18.5cm。只燙平縫份。

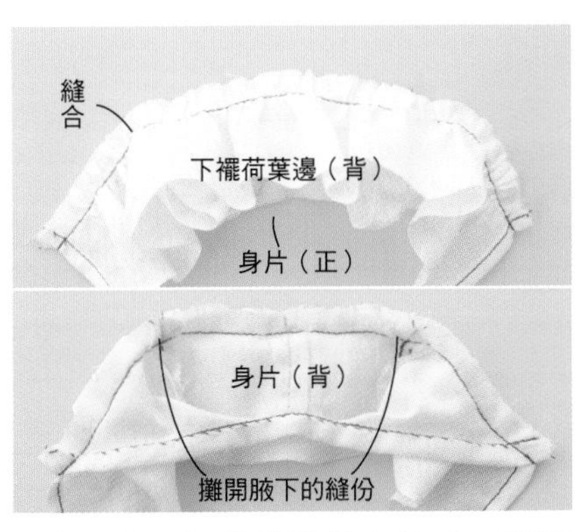

19 將下襬荷葉邊與身片以正面相對疊合，在完成線上縫合。
※縫合時下襬荷葉邊在上。

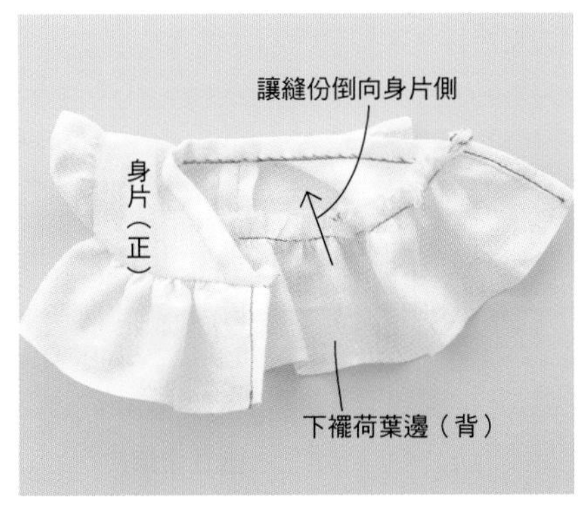

20 翻出正面。讓在 19 縫好的縫份倒向身片側，用熨斗燙平調整形狀。

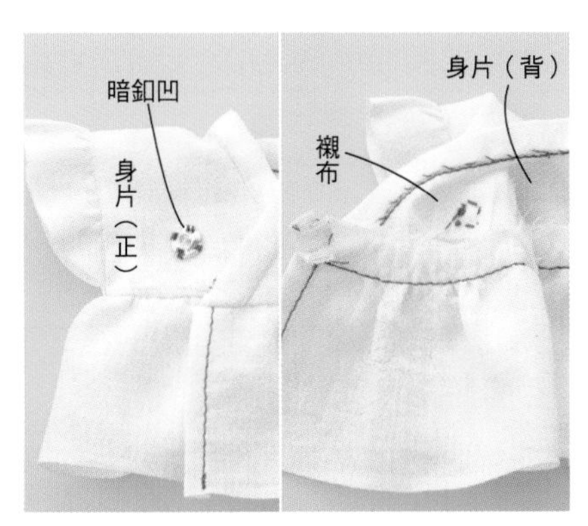

21 裝上暗釦。在左身片的內側要縫上鈕扣的位置加上襯布一起縫上。

22 把右身片襟領末端的縫份往內側摺成三角形。

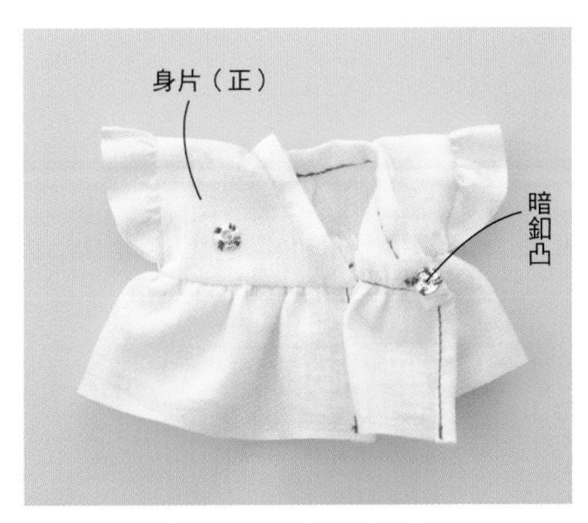

23 縫上暗釦，上衣完成。

◆ 苗條娃娃的腰圍調整

XS 尺寸或 S 尺寸的 Doran Doran 因為胸圍和腰圍苗條，故不加上暗釦，而是將緞帶當腰帶纏繞來調整（請參照 P49 的照片）。

荷葉邊甚平／燈籠褲 的製作方式

※為 S～L 尺寸的娃娃專用。

◆ 材料

燈籠褲用布 20×20cm
（含上衣的尺寸請參照 P51）
0.5cm 寬的扁平鬆緊帶 30cm
※紙型為附錄 A

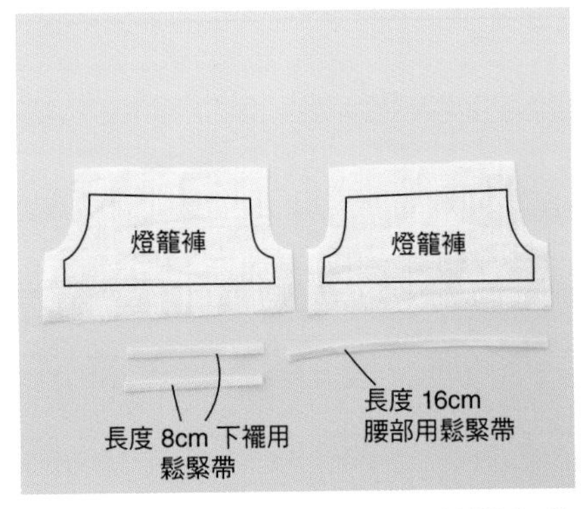

1 在各裁片上做記號，並進行裁切。

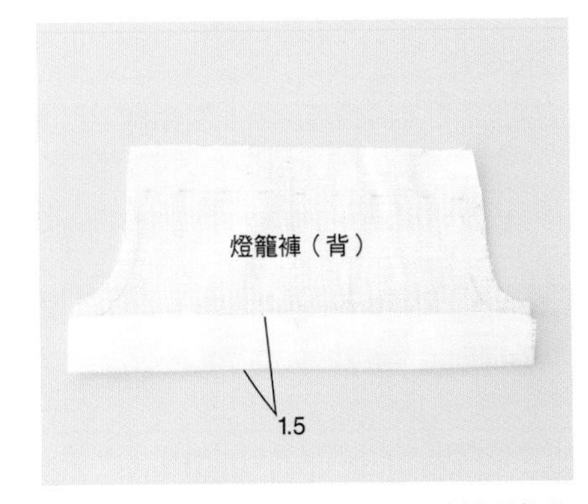

2 將燈籠褲用布沿完成線摺進內側並燙平，另一片也相同。

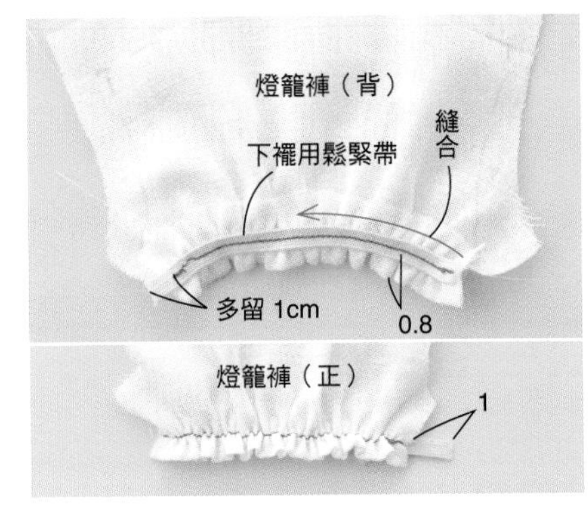

3 將下襬用鬆緊帶疊在下襬要加上的位置，先縫 3mm 左右，拉著另一邊的鬆緊帶，一邊縫成讓尾端伸出 1cm。

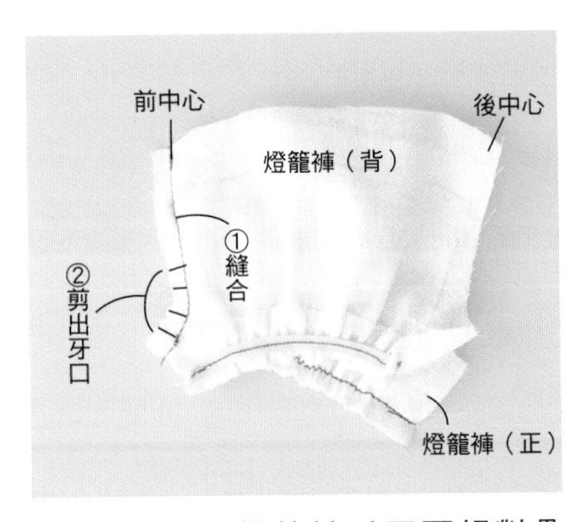

4 將兩片燈籠褲以正面相對疊合，縫合前褲襠①。將縫份剪出 4 處牙口②。

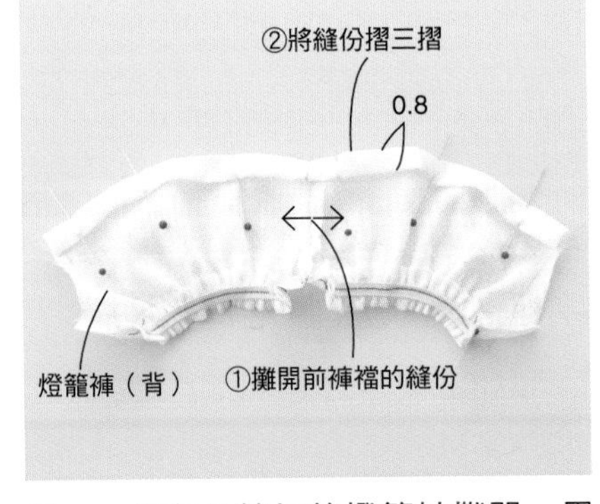

5 把在 4 縫好的燈籠褲攤開，用熨斗攤開前褲襠的縫份①。將腰部的縫份摺三摺②。

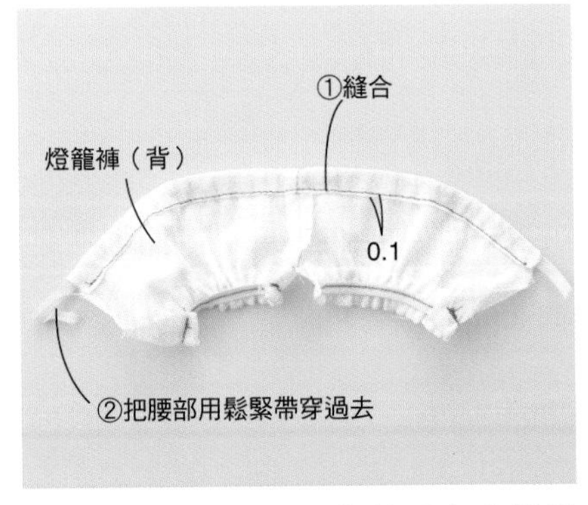

6 把摺三摺的腰部縫份在分界線縫合做出鬆緊帶通道①。從尾端把鬆緊帶穿過去②。

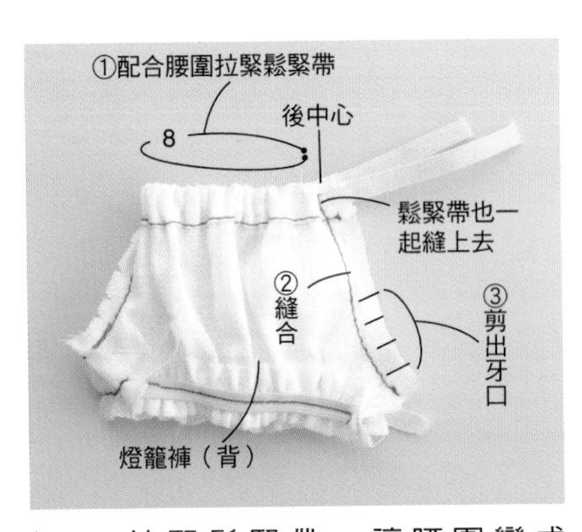

7 拉緊鬆緊帶，讓腰圍變成 8cm①。沿後中心縫合後褲襠②。將縫份剪出 4 處牙口③。

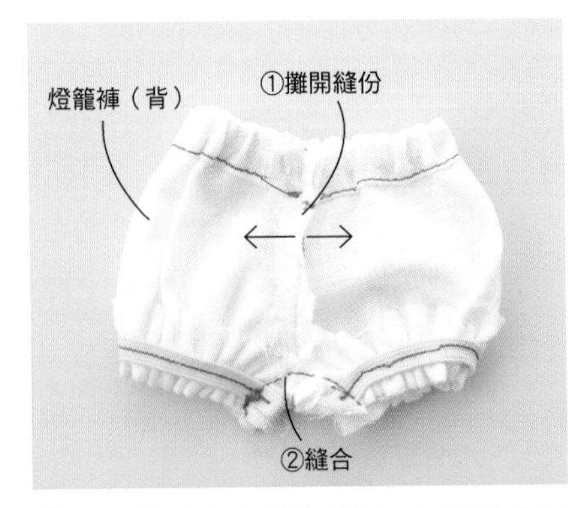

8 將前中心對準後中心重新攤平燈籠褲，再攤開後褲襠的縫份①。縫合下褲襠②。

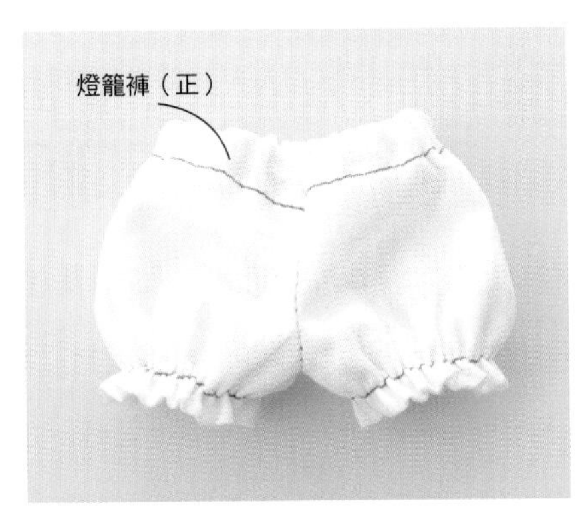

9 剪掉多餘的鬆緊帶後翻至正面，燈籠褲完成！

韓服 Lesson

再追加介紹改造自浴衣的「韓服」製作方式。
紙型為 S、M 兩種尺寸。

韓服的基本構造

此處介紹應用「浴衣」製作方式，由 chimachoco 原創設計的製作方式。

韓國的民族服裝「韓服（赤古里裙）」，將稱為「Chima」的裙子部分和稱為「Jeogori」的上衣部分分開製作。

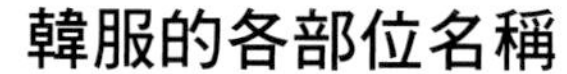

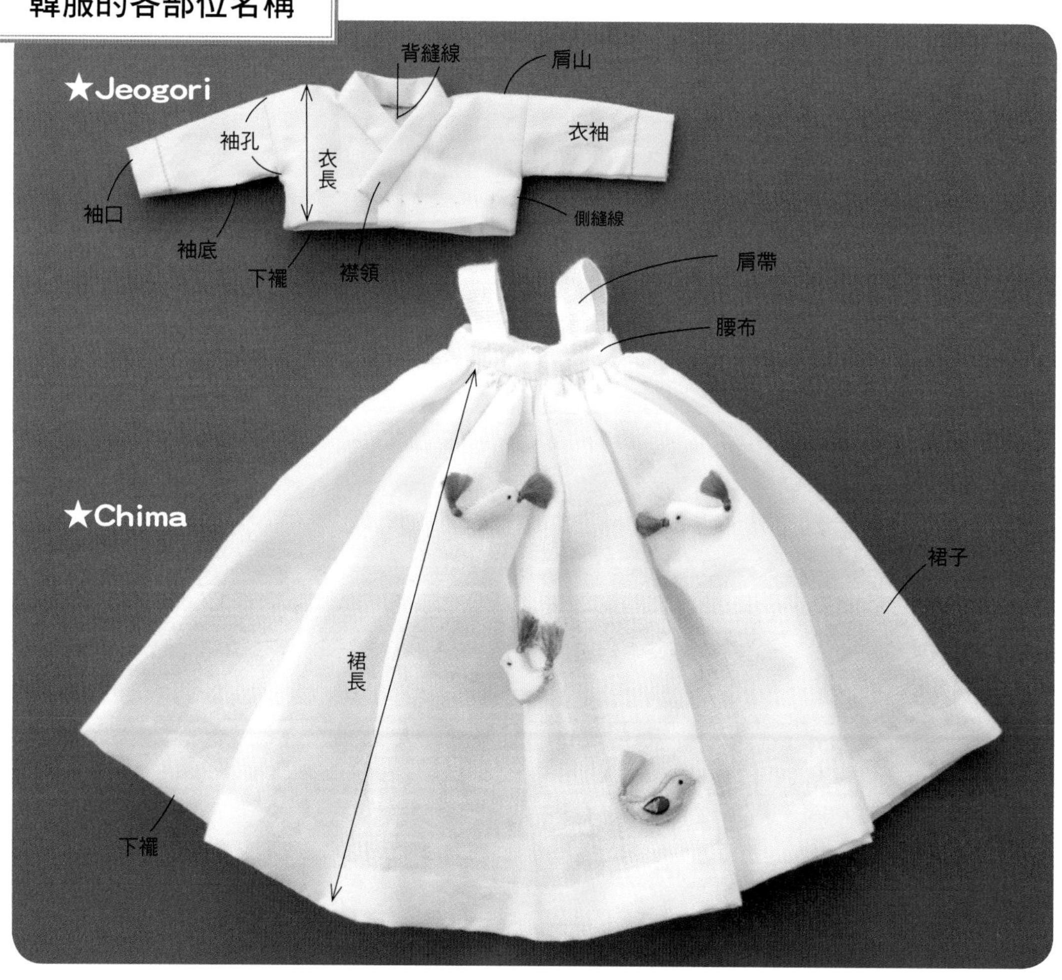

chimachoco 原創「韓服」的特點

★Chima 改成碎褶裙

本體是長度從胸口到腳踝的圍裹裙，作品為了容易穿上，改成有肩帶的高腰碎褶裙。大量的碎褶呈現出量感。

★Jeogori 應用浴衣的紙型

把「浴衣」身片的衣長改短。和服的特徵袖兜也拿掉改成細長的衣袖，設計得看起來更像「Jeogori」。

荷葉邊甚平的各部位名稱

襟領・・・・脖子周圍的部分。會在胸口交叉。
衣袖・・・・蓋住雙手的裁片。
袖孔・・・・縫合身片與衣袖的部分。
背縫線・・・在背後縫合身片的部分。
側縫線・・・將前後身片縫合的部分。
肩山・・・・前身片與後身片摺出來的凸摺線

Jeogori 的製作方式

※為 S、M 尺寸娃娃專用。

◆ 材料

Jeogori 用布 25×20cm、直徑 0.8cm 的暗釦 1 組
※身片、衣袖、襟領的紙型為附錄 B

◆ 裁片的取得方式

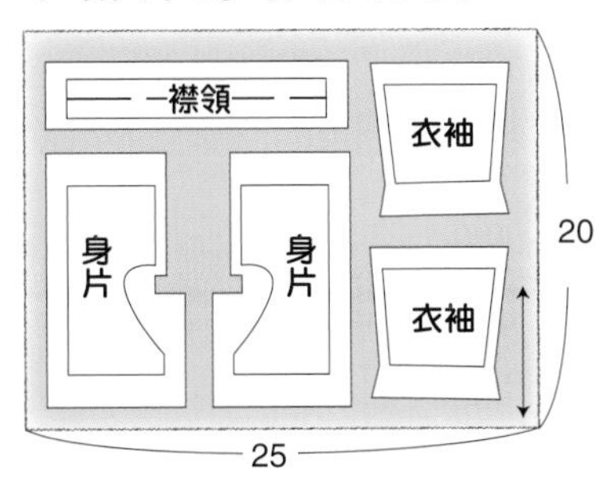

材料表上的衣料尺寸是將裁片像上圖那樣配置時的數值。用大花紋時，根據花紋的位置放紙型的位置會改變，故會跟上表的衣料尺寸相異。

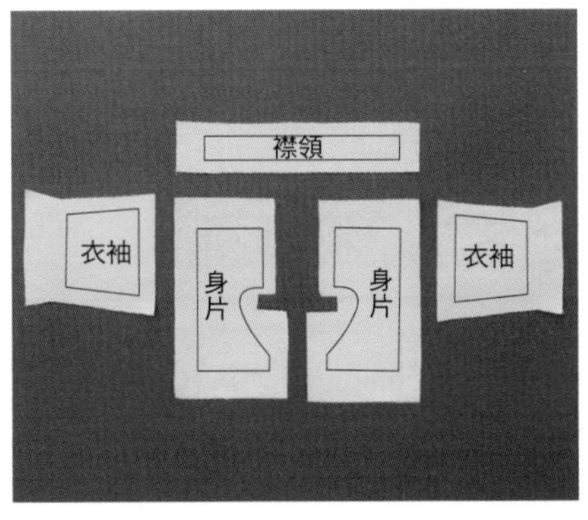
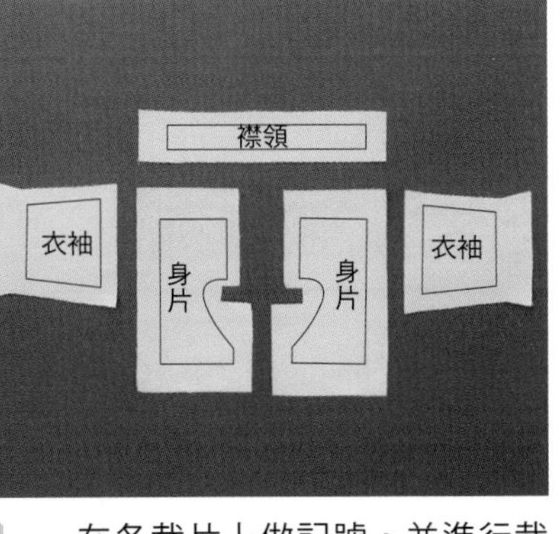

1 在各裁片上做記號，並進行裁切。

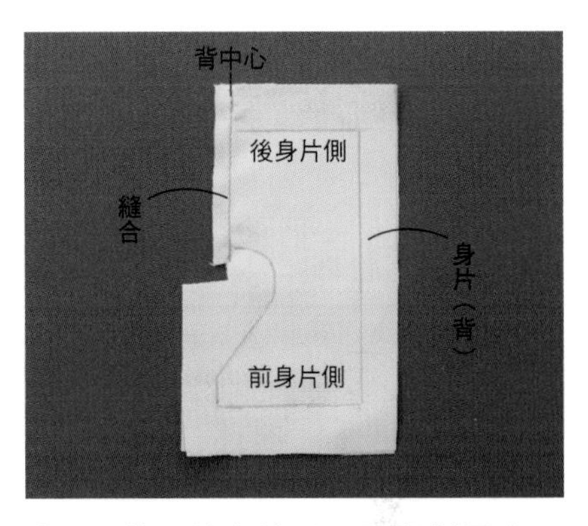

2 將兩片身片以正面相對疊合，縫合背部。

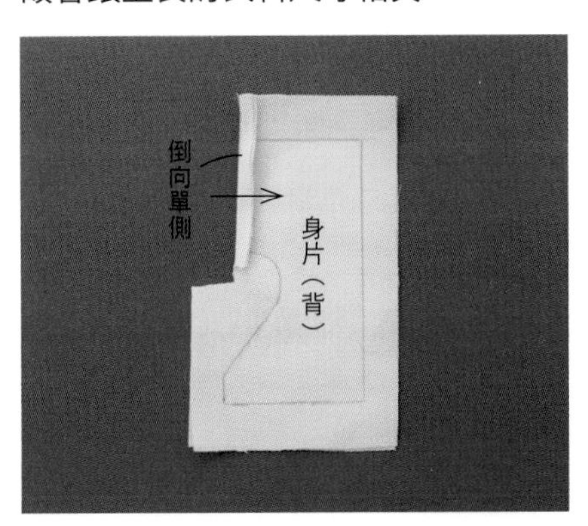

3 將 2 的背部縫份倒向單側並燙平。

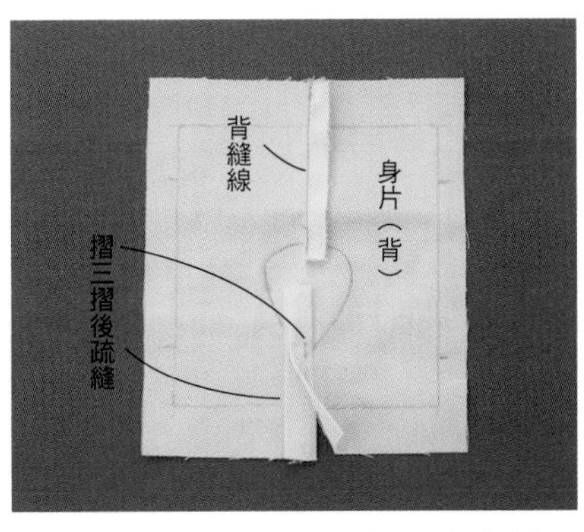

4 左右身片前端的縫份各自摺三摺並燙平後疏縫。

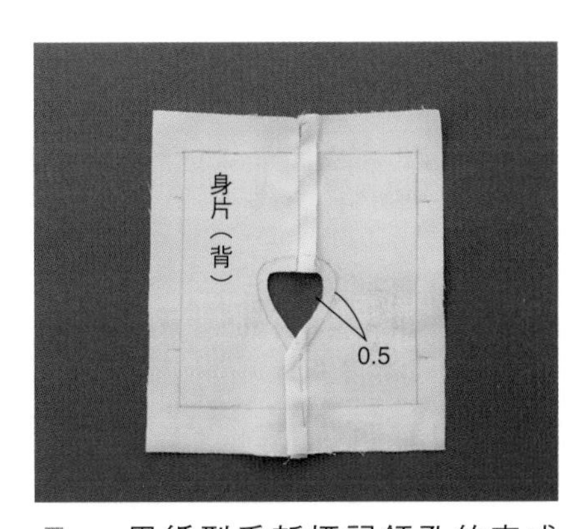

5 用紙型重新標記領孔的完成線，將縫份修到剩 0.5cm。

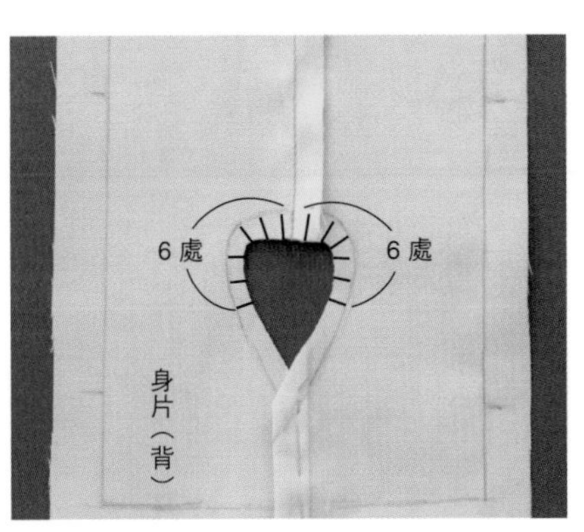

6 將領孔的縫份 12 處，剪出深度到完成線的牙口。

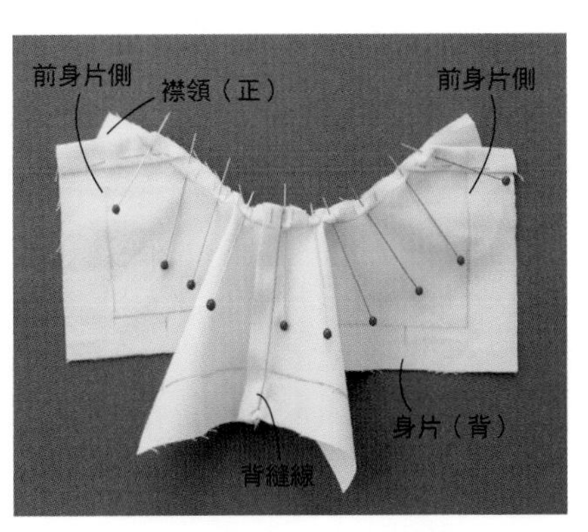

7 將身片和襟領中心對齊，以正面相對疊合，接著用珠針暫時固定。

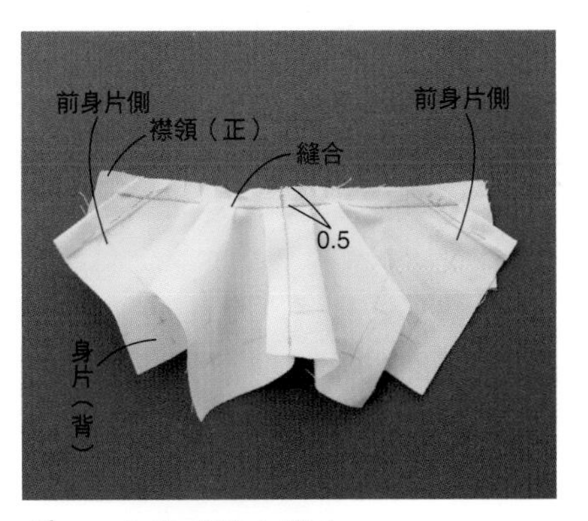

8 在完成線上縫合。
※縫合時身片在上。

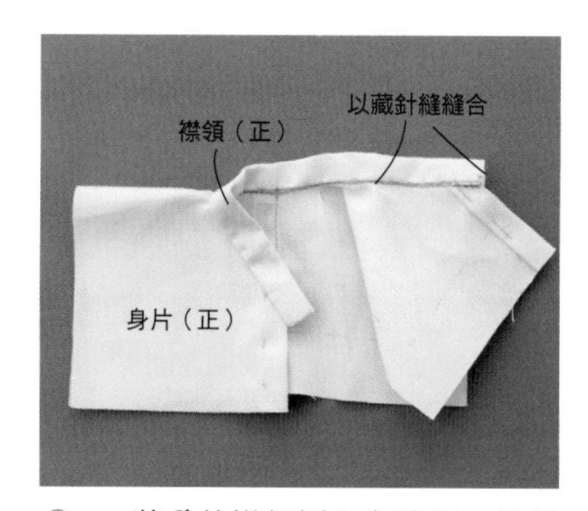

9 將**8**的襟領倒向身片側，把領孔的縫份包起來以藏針縫縫合（縫份處理方法請參照 P36 的重點）。

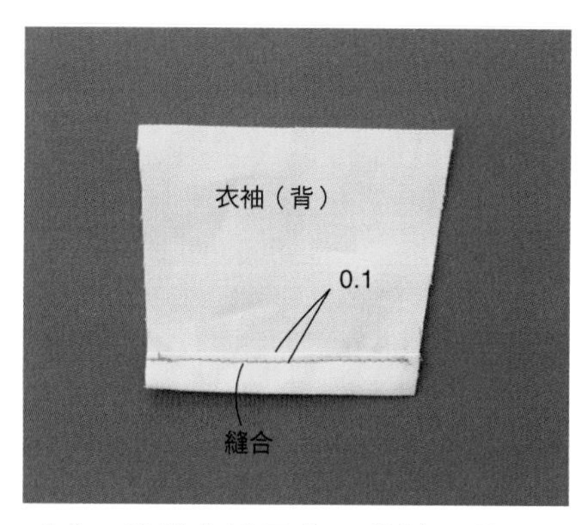

10 準備衣袖用布。將袖口的縫份往背面摺三摺，燙平後縫合。另一片衣袖也一樣。

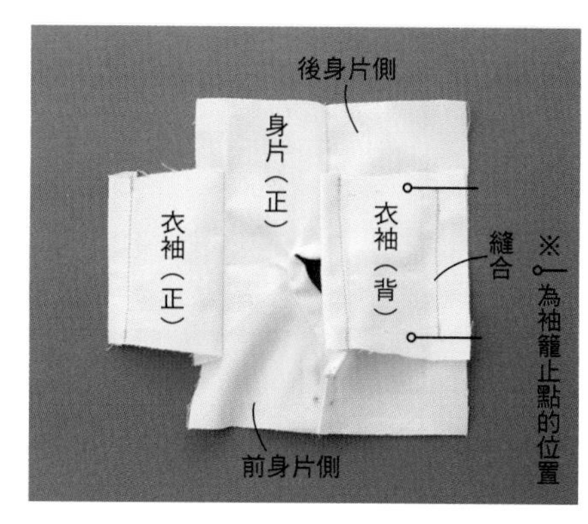

11 在身片的接合位置上將衣袖以正面相對疊合，在袖籠止點記號間縫合。因為容易綻開需以回針縫縫合。

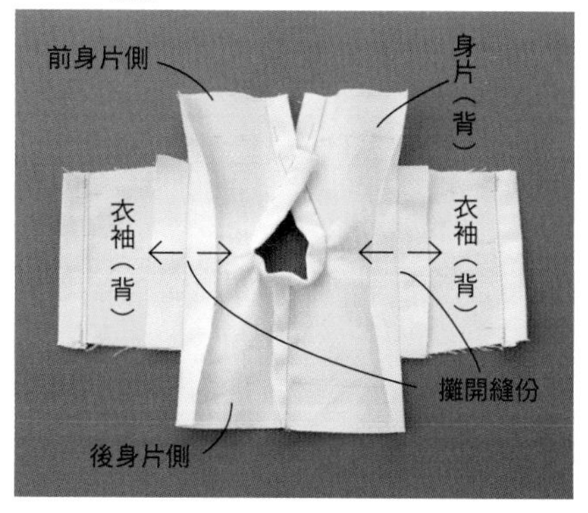

12 翻回背面，將**11**步驟縫好的縫份攤開並燙平。

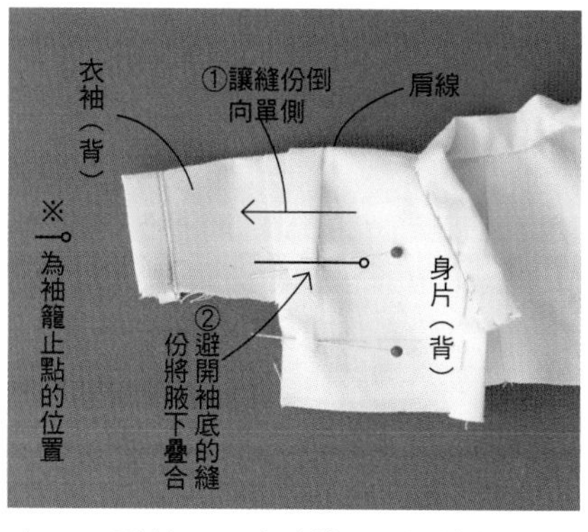

13 肩線正面相對摺，將袖籠縫份倒向衣袖側①。避開袖底縫份將腋下疊合，以珠針固定②。

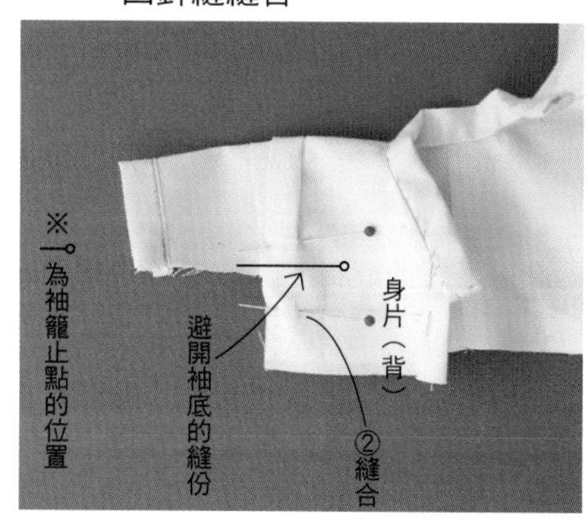

14 小心不要將袖底的縫份縫進去，從袖籠止點縫至下襬。另一邊的腋下也一樣縫合。

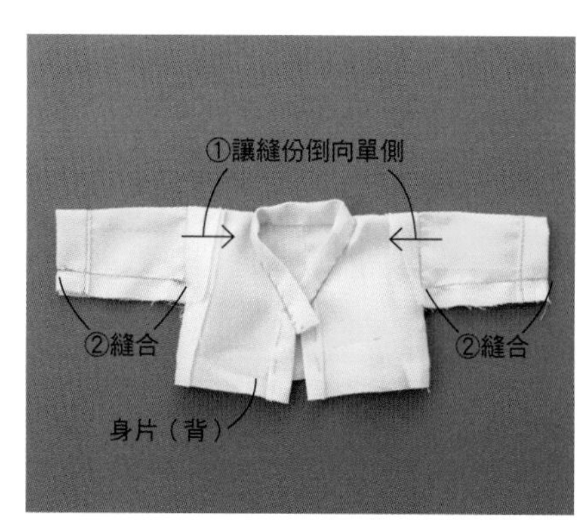

15 讓**11**的袖籠縫份倒向身片側①。袖底疊合從袖籠止點縫至袖口②。

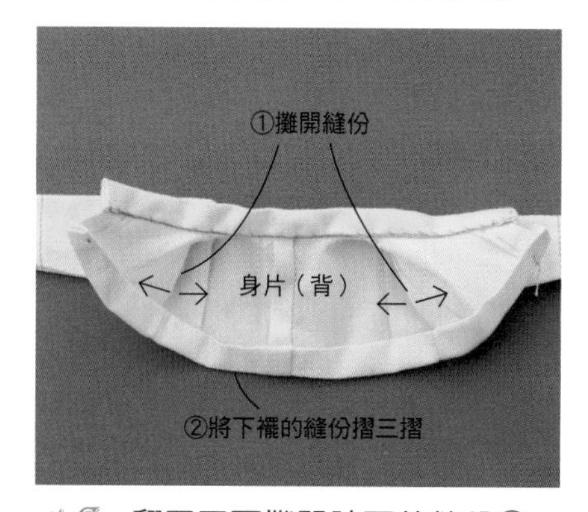

16 翻至正面攤開腋下的縫份①。將下襬的縫份摺三摺並燙平②。

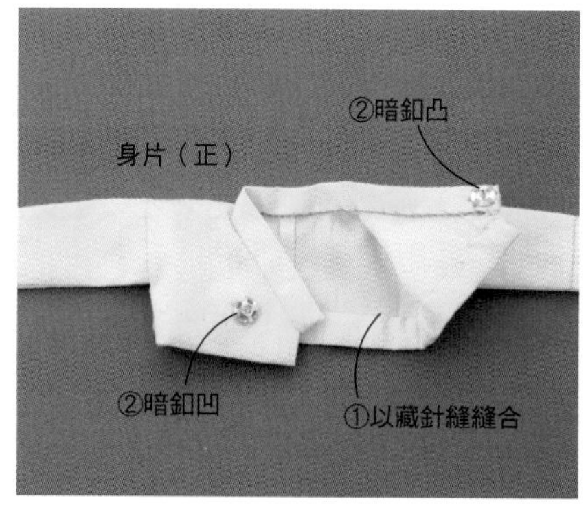

17 將下襬以藏針縫縫合①。穿在娃娃身上，確認位置後縫上暗釦②，Jeogori 完成。

Chima 的製作方式

※S（Doran Doran & rururko）、
M 尺寸的娃娃專用。
※步驟為以 M 尺寸為例。

◆ 材料

Chima 用布 90×25cm、直徑 0.8cm 的暗釦 1 組
肩帶用 1cm 寬的棉紗帶 15cm
※裙子與裙腰帶（M 尺寸）的紙型為附錄 B
※S 尺寸無紙型

◆ 裁片的取得方式

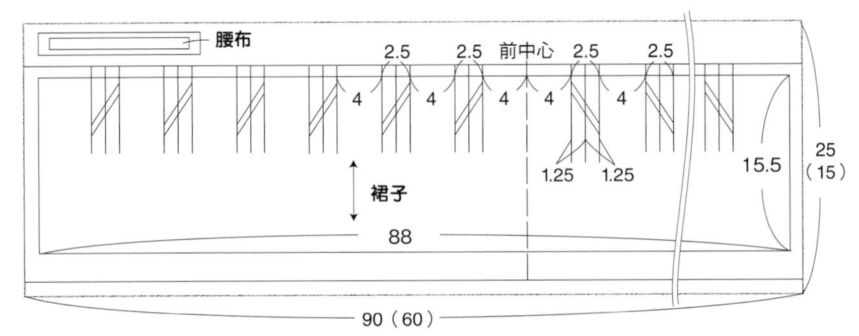

材料表上的衣料尺寸是將裁片像上圖那樣配置時的數值。在前中心的左右各摺 6 處褶子（褶子的摺法請參照 P46）。
※（　）的數字為 S 尺寸，不摺雙向褶只用縮縫完成

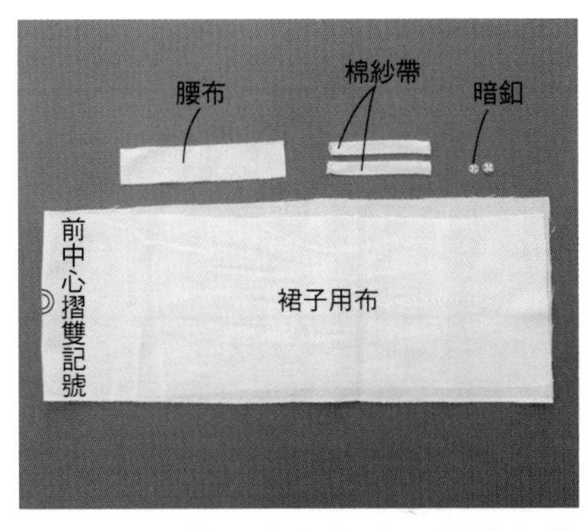

1 在各裁片上做記號，並進行裁切。

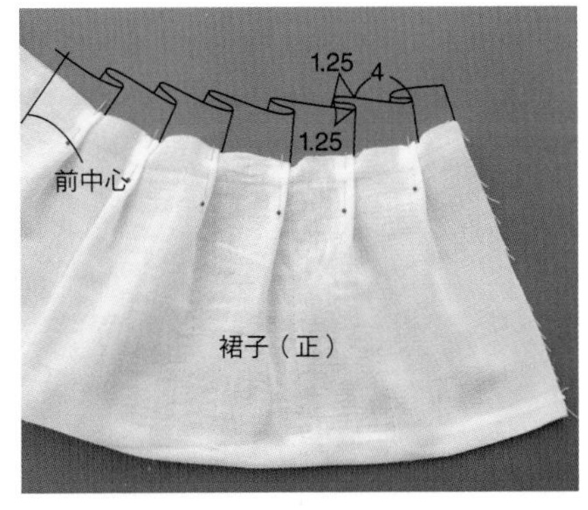

2 參考紙型，在前中心的左右各摺 6 處褶子，用珠針暫時固定（S 尺寸步驟 2、3）。

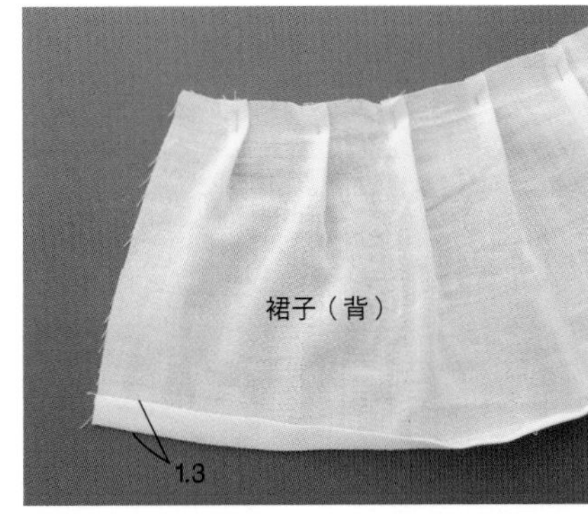

3 翻至背面，將下襬摺三摺並燙平。

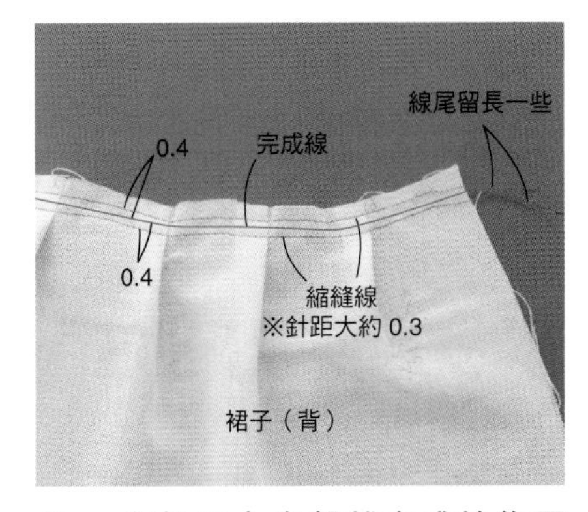

4 在裙子上半部離完成線往下 0.4cm 的位置機縫上縮縫線（縮縫請參照 P52 的步驟 9）。

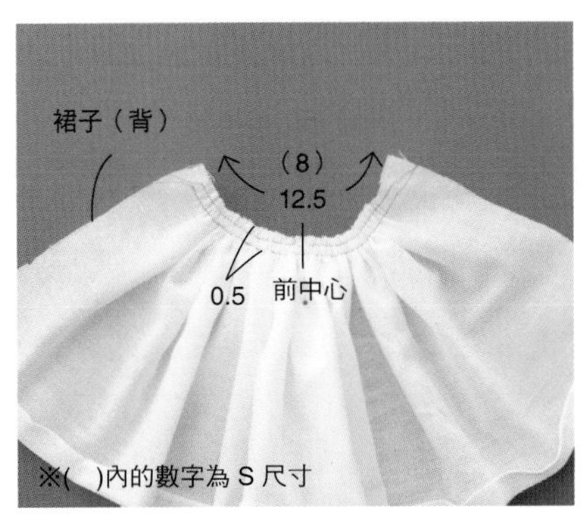

※( )內的數字為 S 尺寸

5 拉緊縮縫線的兩條上線，讓碎褶均等集中，做成長 12.5(8) cm。
將縫份都裁成 0.5cm（拉緊縮縫請參照 P52 的步驟 8 和 9）。

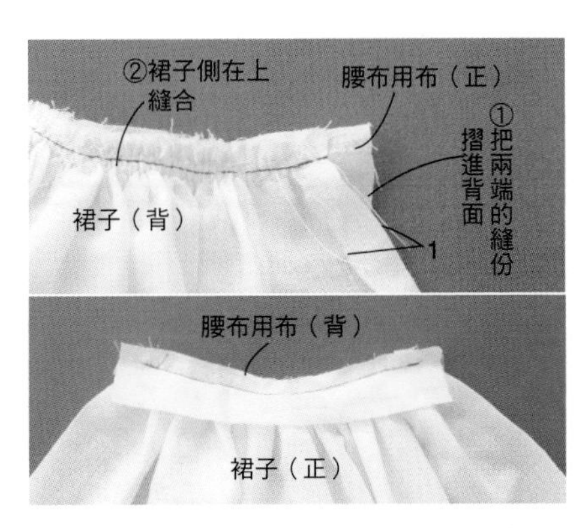

6 將裙子兩端的縫份摺進背面①。裙子和腰布用布以正面相對疊合，裙子側在上於記號上縫合②。

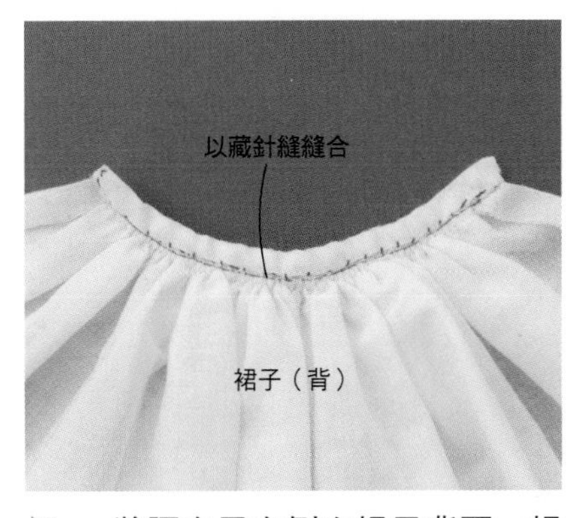

7 將腰布用布倒向裙子背面，裙子的縫份包起來處理（縫份的處理方式請參照 P36）。

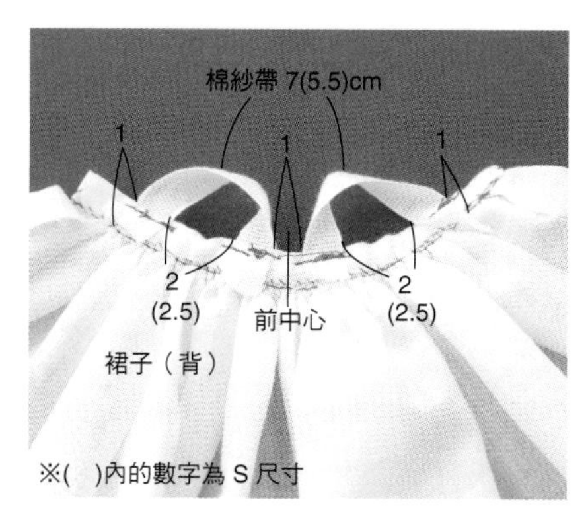

8 將 2 條剪成長度 7(5.5)cm 的棉紗帶各自縫在裙子的背面當作肩帶。

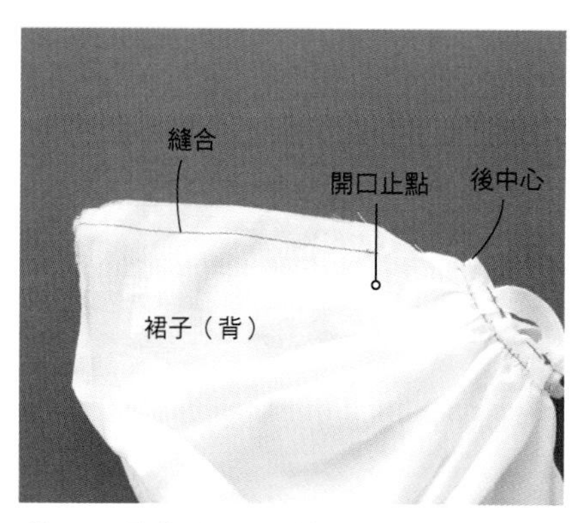

9 疊合後中心將裙子正面相對後對摺，把下襬的三摺打開，從下襬縫至開口止點的位置。

10 將在 9 縫好的後中心縫份攤開並燙平。

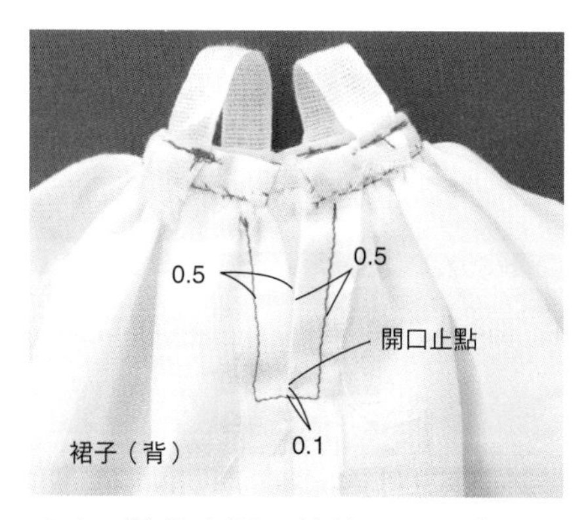

11 將後方開口的縫份以コ字型縫合，不讓其浮起。

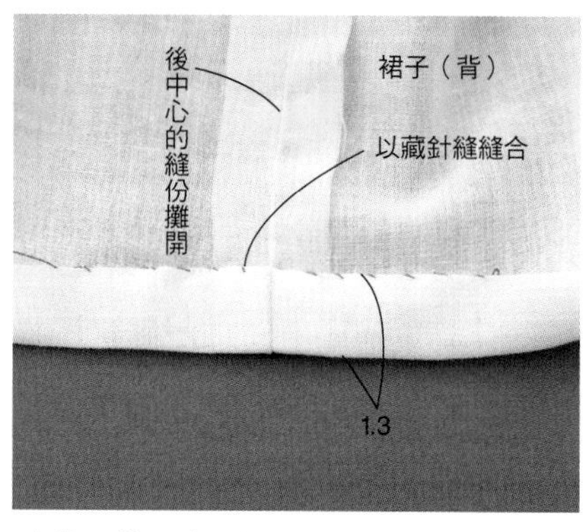

12 將下襬的縫份再度摺三摺，以藏針縫縫合在裙子上（也可用機縫）。

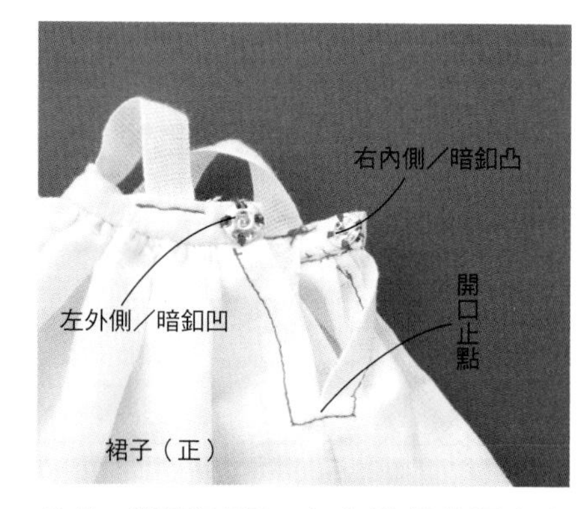

13 翻至正面，在上半部的腰布上縫上暗釦。腰布的疊合部分大約 1.5cm 會比較漂亮。

14 在裙子上縫上喜歡的韓國風裝飾，Chima 完成。

Jeogori 的襟領或襟領前端也可縫上喜歡的裝飾。

◆ S 尺寸的裙長

S 尺寸的裙子標準模特兒為 Doran Doran。若要讓 ruruko 穿，因為裙長很短，請將肩帶的棉紗帶改成各 6cm。而 Tiny Betsy McCall 則會裙子過長，將裙子改短 2cm 程度就可以穿上。

穿搭的樂趣

Chimachoco 的浴衣可以享受穿搭的樂趣。
因為是浴衣所以要……，不需要堅持這點，
也可挑戰有點令人意外的組合，試著自由地穿搭吧！
光是一件浴衣就有很多搭配法，請當作穿搭的參考。

以這件浴衣來穿搭

使用藍色底、
有大白花紋的棉布，
與點綴色的淺粉紅色及
偏紅的紫粉紅色形成
明顯對比。

使用與浴衣相同布料的腰帶加上帶飾的穿搭。
帶締用與花紋的點綴色相近的粉紅線。
藉由統一花紋塑造出彷彿穿著一件連身裙，輕便又合身的搭配。
〔model〕EXcute（Chiika/Custom）

check!!

浴衣跟和服相比，素材比較會用日常生活中使用的東西，是很適合與現代流行小物搭配的服裝。為了與洋裝穿搭而購買，手上有涼鞋、鞋子、襪子、包包、髮飾等也拿來搭配享受樂趣吧！

這是跟剛才那套腰帶和浴衣相同布料的穿搭，但在小物上是不同的版本。拿下帶飾會更有連身裙的感覺，能夠享受洋裝般的印象。這套是包釦的扁帽與蕾絲的肩包，非常搶眼，可活用小物的穿搭。

這種組合也很
Cute!

在浴衣上把荷葉邊甚平當羽織披上。像這樣將不同用途的東西組合也很有趣。其他還可以將蛇腹帶以披肩的形式組合，自由地享受搭配吧！

穿搭訣竅

初學者先從決定好重點色的穿搭開始挑戰吧！
這時可以從浴衣的花紋或是與其接近的顏色來選擇，會比較容易統整。

以白色為主題的優雅穿搭，當作重點的淡粉紅及紫粉紅也是使用浴衣花紋中的顏色。使用金色穗帶的帶締、仿珍珠和琉璃珠在美麗晚宴包的襯托下更增添高級感。圍裹裙從下襬稍微露出，變身為禮服般的豪華風格。

活用浴衣花紋中偏紅色的紫紅色，加上紅色小物的流行風格。將帶締、髮色、小物的黃色當作點綴色，塑造出活力十足的印象。腰帶選用綠色的細小格子布，雖然色彩不同，但色調與浴衣相似故不會太過突出。細小的花紋從遠處看會像無花紋，即使是花紋搭花紋也可以當無花紋使用，為穿搭上是很容易使用的設計。

腰帶是穿搭的重點

建議腰帶多做幾條。只要網羅這 5 種類，換裝的幅度就能大幅提升。

單色無花紋

容易配合花紋浴衣的單色無花紋腰帶，靠帶締或帶飾也能改變氛圍。
以色調分類事先做出明亮、暗沉的腰帶就會很方便。

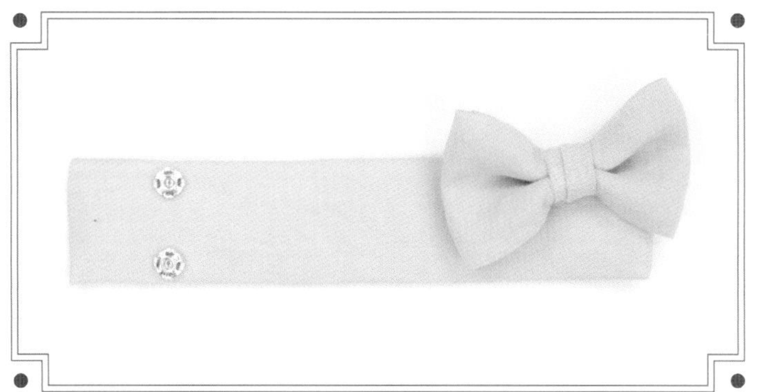

明亮。
尾部為簡單的蝴蝶結。

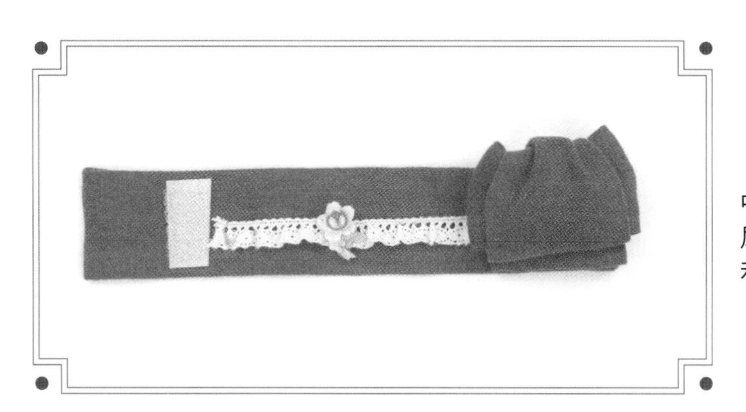

暗沉。
將手加寬一點蝴蝶結
就會變成糖果風格。

中間。
尾部為變化太鼓。
利用裝飾帶給人可愛的印象。

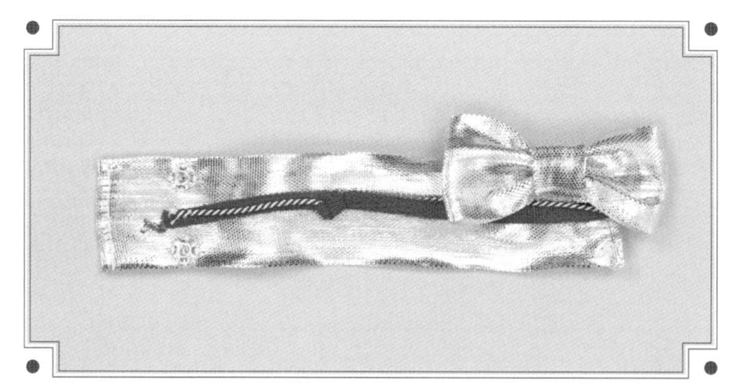

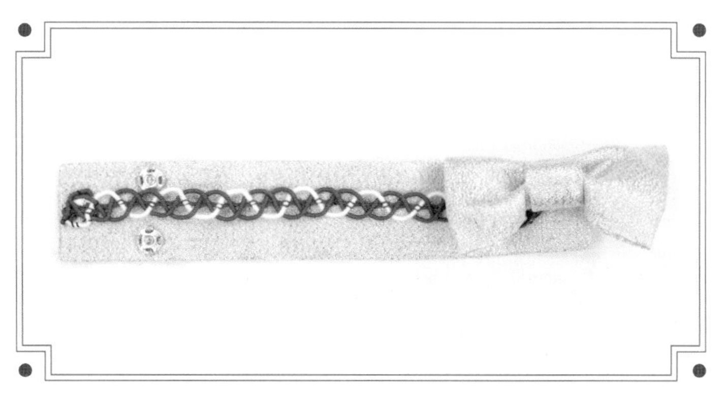

銀色。
不管是什麼浴衣及髮色
都適合的萬能顏色。

金色。
和銀色差不多，
容易搭配的萬能顏色。

花紋

分開運用可當無花紋使用的小花紋和能當主角享受的花紋吧！

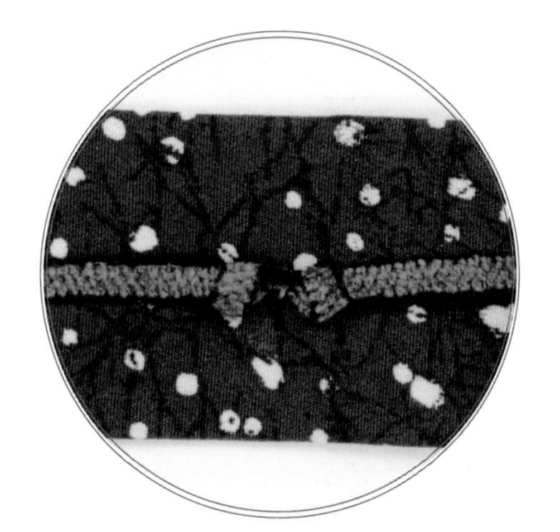

細小的白色
不規則花紋，可當作
無花紋使用。

花紋為主角。
黑白格子加上花朵
的刺繡。

花紋為主角。
使用打印上去的花紋
給人深刻印象。

堆疊搭配

裝飾帶身來添趣的腰帶，可以同時兼顧單色無花紋與花紋兩邊的要素。

縫上和帶身為反差色的
蝴蝶結緞帶。

在帶身上疊合同系色
的緞帶裝飾。

白色無花紋＋黑底
圓點的組合。

享受**改變腰帶**的樂趣

用各式各樣的腰帶搭配 P61 的浴衣。光是換條腰帶印象就會改變。
若找不到顏色讓你想做成腰帶的布料，就用緞帶或蕾絲取代，享受搭配的樂趣吧！

兒童浴衣的基本款，兵兒帶風格。使用和人類相同的帶揚，還有用上絞染的兵兒帶。顏色是花紋的點綴粉紅色，尾部則打蝴蝶結營造出可愛的形象。

登場於 P73 的腰帶。
變成流行又可愛的原宿系。

登場於 P39 的腰帶。
紫色讓浴衣更為凸顯。

登場於 P22 的腰帶
使用緞帶的簡易腰帶。

用浴衣花紋上沒有的黃
色，腰帶更富有挑戰心
的搭配。

更進一步

試著挑戰浴衣花紋中沒使用到的色彩吧！
使用浴衣的對比色，穿搭就更凸顯，
故建議使用在重點上。

此套穿搭使用浴衣的花紋上並未使用到的黑色。看向全身時，水色和白色佔較多色彩比例，使用適合與其搭配的顏色就能顯得很時尚。大花紋的布配上條紋，看起來是搭配難度很高的花紋搭花紋，其實因為花紋的方向不同，反而不顯單調。腰帶顏色搭配浴衣的對比色，不會感覺凌亂而是很清爽。和娃娃氛圍很搭的黑色，發揮出很好的微哥德蘿莉風格穿搭效果。

素材的選擇方式

介紹該如何替登場於本書的物品選擇適合的布料。

浴衣

所有棉布布料是適合做浴衣的布。其中特別推薦薄棉布、細平棉布、被單布、色丁布等薄的編織品。將手巾、較大的手帕（邊長 50cm 左右）、頭巾等拿來重複利用也很好。反過來說不適合的布有較厚的布以及彈性素材之類，毛織品等冬天用的素材也最好避開。推薦的花紋有小花朵、條紋、方格、格子、圓點、無花紋等會較好用。

腰帶

適合做腰帶的布料是棉布和麻布等。推薦卡其或軋別丁等硬挺的編織品。使用繡帶、羅緞緞帶、和服用的帶揚等東西代替腰帶也可以。

荷葉邊甚平

荷葉邊甚平推薦使用能表現荷葉邊輕柔感的素材。使用薄棉布、漂白棉布、和服的裡布、薄手帕、頭巾等材料試著做看看吧！

韓服

韓服推薦棉布、漂白棉布、絲綢、薄的和服布料等材料。厚的布料與毛織品不適合。

11cm…XS 尺寸

因為是非常小的浴衣，推薦小花花紋、細條紋、方格等容易裁切的花紋。若試著把大花紋配置在整件浴衣上感覺也能做出很有個性的搭配。

20、22cm…S、M 尺寸

不管是什麼花紋，靠花紋的裁切方式（※）都能做出美妙的成品。這個尺寸的娃娃會因為頭部的大小讓印象改變。頭部較小的娃娃適合小花紋或全體都有花紋的不規則花紋，跟 XS 尺寸一樣也可以刻意配置大花紋看看。頭部較大的娃娃也適合大花紋或大膽的花紋，嘗試各種搭配樂趣吧！

27cm…L 尺寸

不管頭部大小、粗條紋或大花紋穿起來都很帥氣。因為縱向會變成很長，花紋太小容易給人不起眼的印象。要使用小花紋並走時髦路線時，可在腰帶和小物上使用點綴色！和 XS、S、M 相反，在浴衣使用大花紋，腰帶用小花紋或無花紋來搭配會比較均衡。

花紋裁切方式的 point

決定想要拿來當主角的花紋位置，將紙型配置在想讓人看到的部位上吧（注意端折部分會遮起來）！為了不讓花紋歪斜，布料盡量以直布紋的方向裁切吧（若想橫裁要注意花紋容易變形）！將重點花紋放在衣袖下方、肩膀、襟領周圍，前身片的膝蓋附近配置主要花紋整體會較均衡。這時要注意避開正中間，稍微挪開一些會均衡許多。

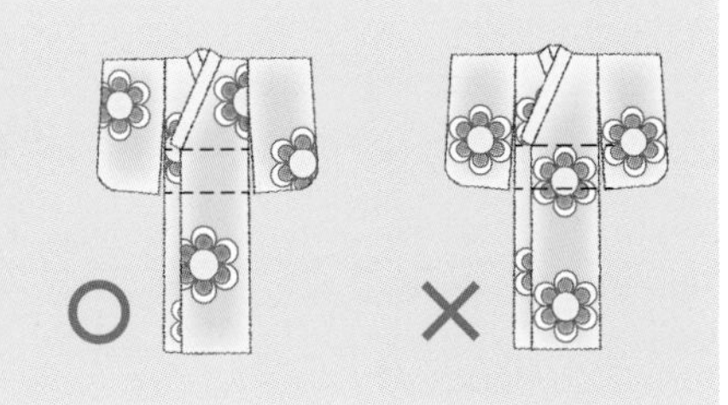

momoko 的髮色別推薦穿搭

check!

棕色短髮的 momoko 很適合有流行感的粉紅大花紋。棕色的頭髮雖然很容易搭配，可是很容易流於俗套，所以利用小物或點綴色讓穿搭錦上添花吧！

黑色長直髮給人高雅印象的 momoko。對比明顯的大膽花紋也因為身高足夠，穿起來很漂亮。溫和顏色的浴衣靠腰帶和髮色來形成差異，做出清爽的感覺。

check!

白金色頭髮、優雅的 momoko，非常適合清涼感的浴衣。白色頭髮是不管穿什麼都很搭的洗鍊顏色，所以不管是要帥氣還是很少女都可以，讓穿搭染上你的顏色吧！

ruruko 的髮色別推薦穿搭

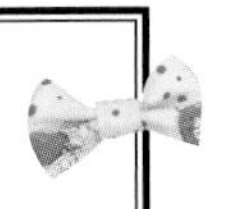

check!

表情可愛，棕色妹妹頭的 ruruko。妹妹頭推薦搭配前衛或輕便的穿著。棕髮的話以這種紅色統一搭配，少女風格的可愛浴衣也很棒，加上蛇腹帶和項練吧！

check!

長髮的 rururko 也很適合充滿活力又可愛的穿搭。在寫真頁面也穿過的黃色浴衣綁上腰帶的簡單穿搭。綁的腰帶換成蕾絲或緞帶的話還能醞釀出更甜美的氛圍。

Licca 的髮色別推薦穿搭

check!

黑髮很適合清純的浴衣或前衛的穿著。黑白當然不用說，穿上色彩鮮明的服飾吧！利用和浴衣布料相同的腰帶變化成洋裝風格。草莓肩包非常適合當點綴色。

check!

讓髮色更美麗的綠色浴衣組合。以和庭院貓咪玩耍的形象搭配出有玩心的穿搭（從寫真頁面的 ruruko 那裏借來貓咪）。白髮增添神祕的氣氛，完成不可思議又可愛的搭配。

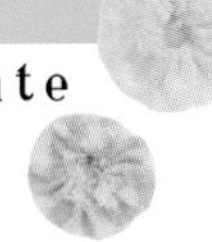

淡髮色的娃娃
有各種搭配法！

淡髮色是從流行穿著到前衛穿著都能很合身的萬能選手。可以配淡色也可以配深色，是家中會想要有一位的存在。像照片這樣粉蠟筆系的甜美糖果穿搭也很合適。為了不會失焦，將給人輕盈印象的浴衣與點綴色搭配更棒了。

check!

色彩鮮豔的頭髮、擅長流行又復古的穿著。將浴衣的花紋顏色配合髮色做同系色穿搭。腰帶和帶飾用較濃的顏色會很清楚顯眼。與範例完全相反的沉穩色調浴衣搭配似乎也很有趣。

Mini Sweets Doll 的髮色別推薦穿搭

check!

配合柔和的小花朵花紋浴衣與髮色的穿搭。Mini Sweets Doll 用假髮可自由改變髮色與髮型，配合浴衣的氣氛享受穿搭樂趣吧！

check!

淡金色頭髮擅長天真無邪的穿搭，但搭配眼鏡和有字樣的浴衣，形象稍微改變前衛一點也很可愛。

小物的練習與紙型

介紹小物的製作方式與紙型。小物增加，穿搭的幅度也會變廣。一面參考在基本練習學會的「紙型」、「裁縫的基礎」等項目，一面試著做看看吧！

目次

圍裏裙 Lesson

當襯裙使用的圍裏裙
※S、M 尺寸的娃娃專用

◆ 材料

- 裙子用布 35×20cm
- 腰部用 1cm 寬的棉紗帶 55cm
- 下襬用 4cm 寬的蕾絲 35cm

※裙子的紙型在 P93

◆ 裁片的取得方式

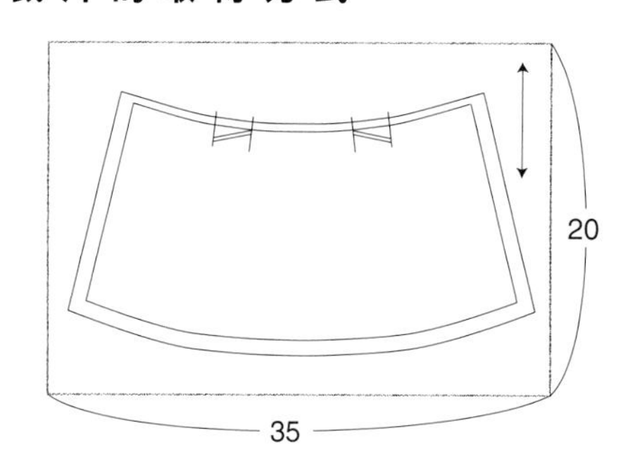

材料表上的裙子用布尺寸是像上圖那樣配置時的數值。如同照片適用穿在浴衣底下的物品，所以選擇非常薄又柔軟的布。

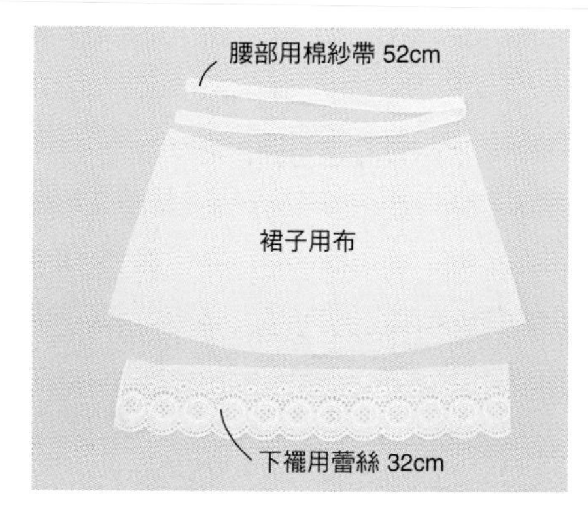

1 剪裁裙子用布。棉紗帶剪成 52cm，下襬用蕾絲剪成 32cm。

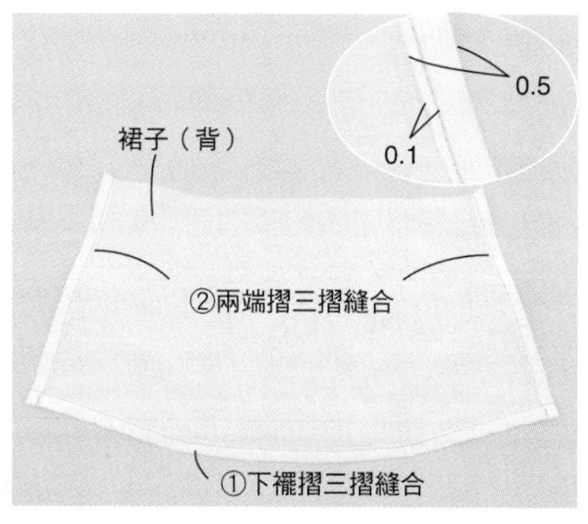

2 依下襬、兩端的順序將縫份摺三摺縫合。

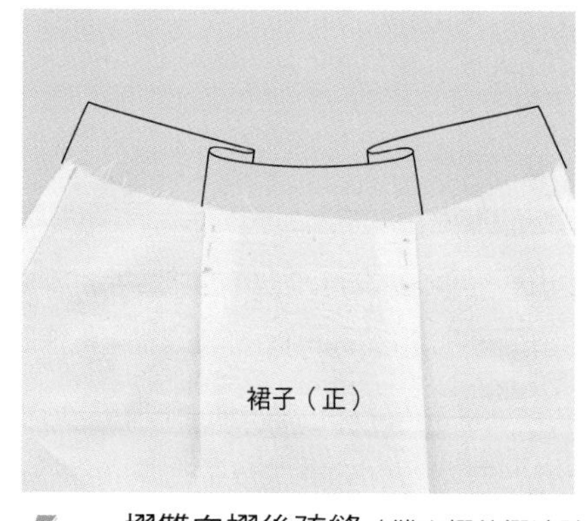

3 摺雙向褶後疏縫（雙向褶的摺法請參照單向褶記號 P46）。

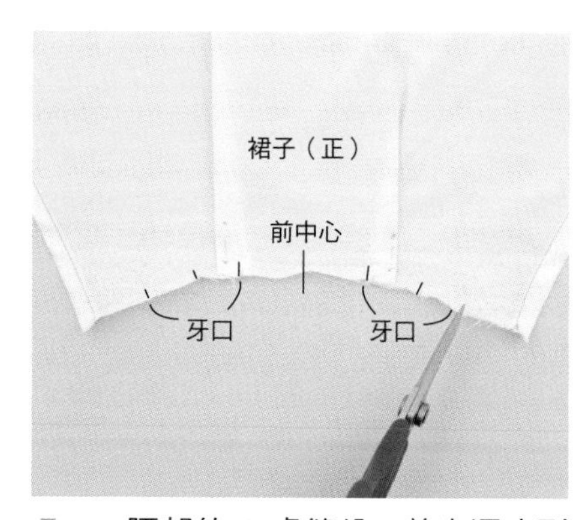

4 腰部的 6 處縫份，剪出深度到完成線的牙口。

5 將腰部的縫份摺向正面，用珠針暫時固定。

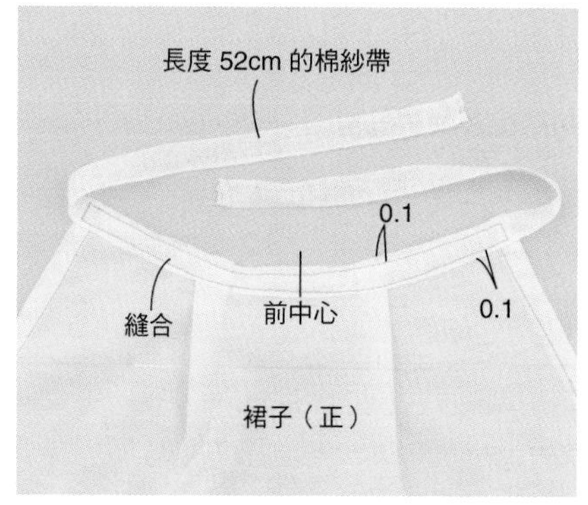

6 將棉紗帶與腰部的縫份中心點疊合後縫合。

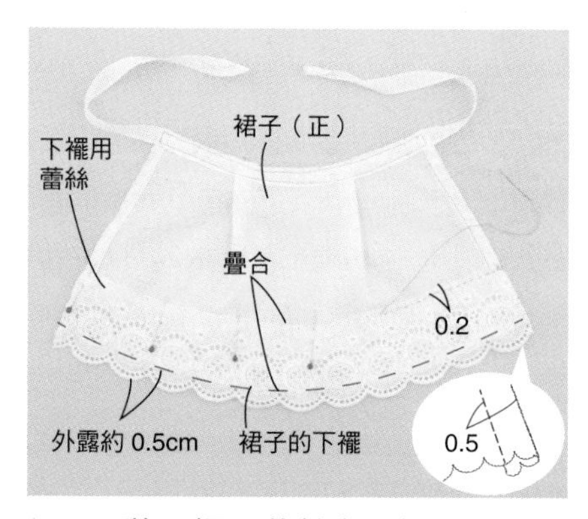

7 將下襬用蕾絲與下襬疊合，露出 0.5cm 在外。蕾絲的兩端往內摺 0.5cm 後縫合。圍裏裙完成！

假領 Lesson

可當浴衣穿搭中的亮點。
※S～L 尺寸的娃娃專用

◆ **材 料**

・假領用布 20×20cm
・裙鉤 1 組
※假領的紙型在 P93

◆ **裁 片 的 取 得 方 式**

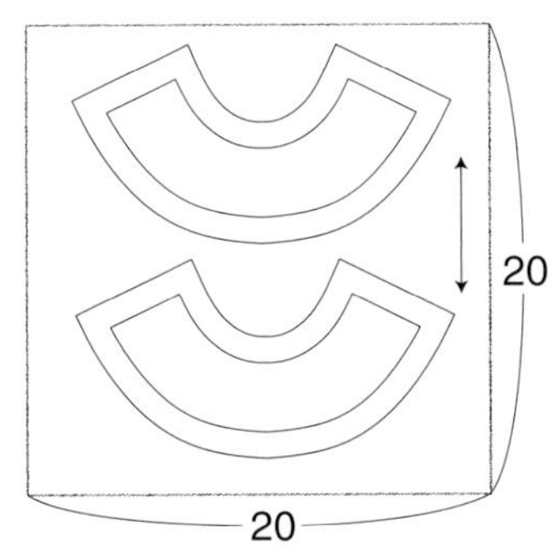

材料表上的衣料尺寸是將裁片像上圖那樣配置時的數值。要使用橫條紋時，會呈現像左邊照片那樣的花紋。

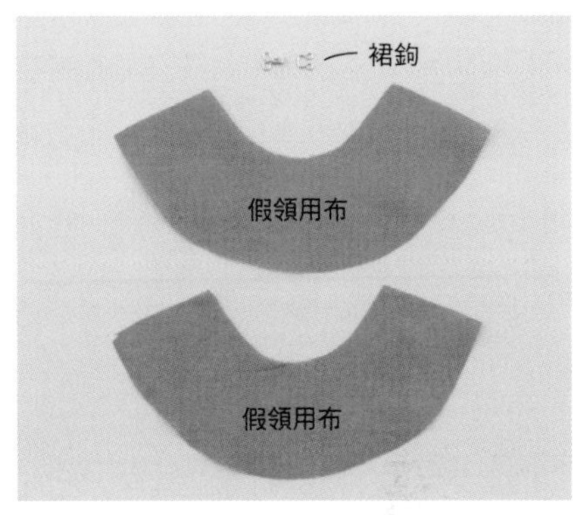

1 畫出假領用布的記號，並進行裁切。

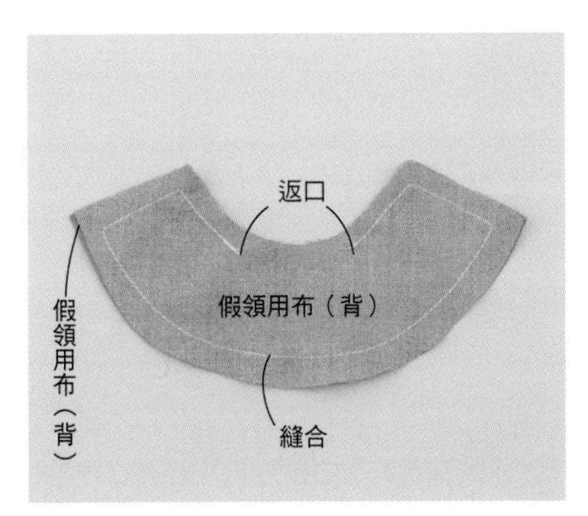

2 將兩片假領用布以正面相對疊合。留返口，在完成線上進行縫合。

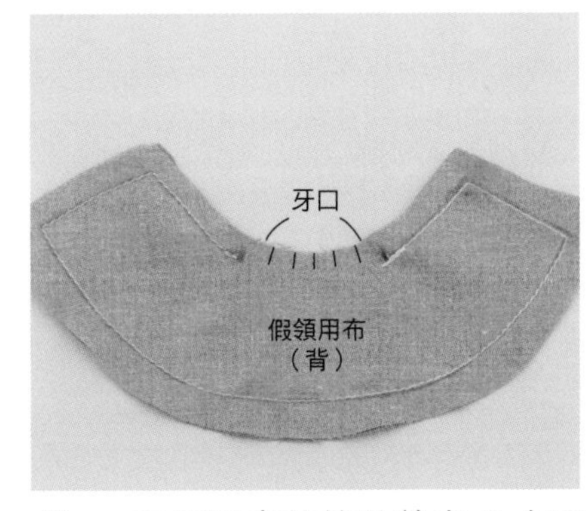

3 在返口處的縫份剪出 5 個牙口。

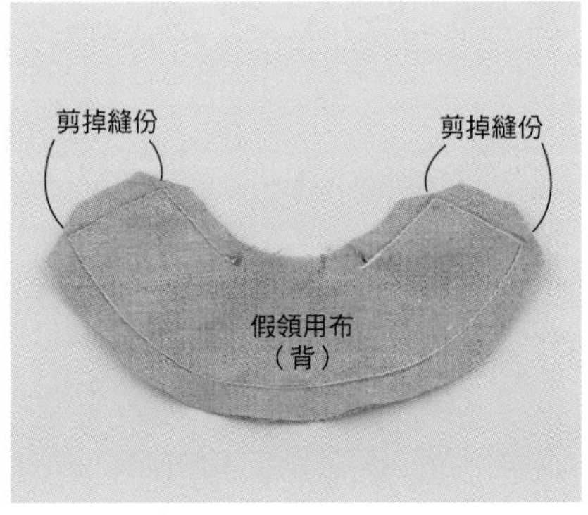

4 將假領的 4 個角縫份剪成三角形。

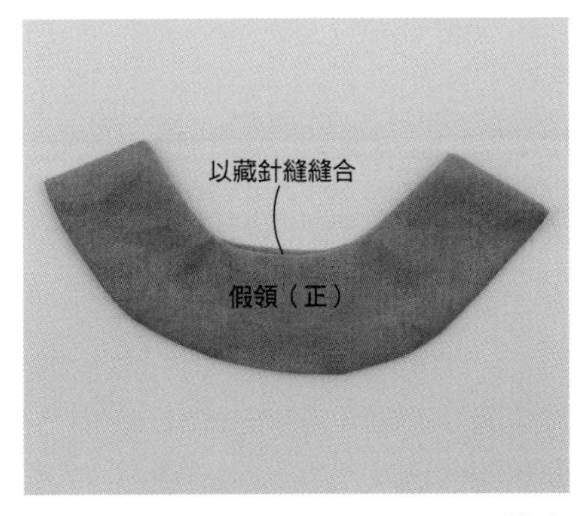

5 從返口翻至正面，用錐子等東西勾出角。把返口的縫份摺進內側以藏針縫縫合。

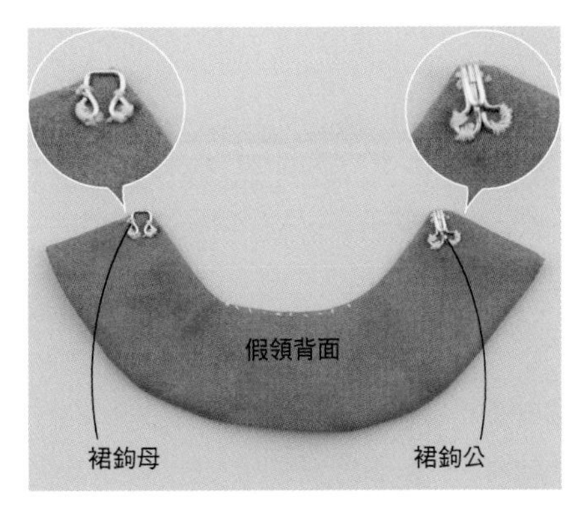

6 注意方向並將裙鉤縫在安裝位置上（裙鉤的縫法請參照 P31）。

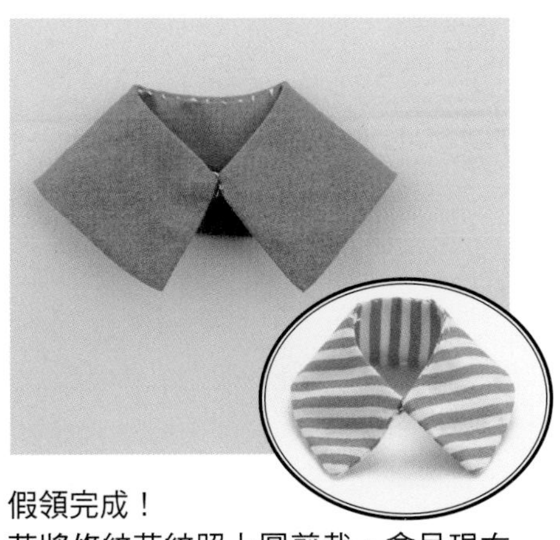

假領完成！
若將條紋花紋照上圖剪裁，會呈現右邊的花紋。

迷你提包 Lesson

雖然裏面不能放東西，卻是穿搭的必需品。

no.1 立體三角提包

◆ 材 料

- 本體用布 10×5cm
- 喜歡的繩子 10cm
  ※直徑 0.2cm 左右
- 手工藝棉適量

・本體用布（1 片）

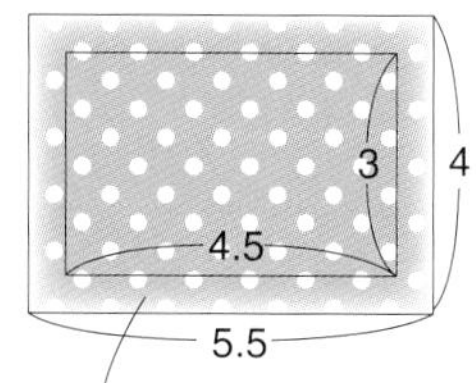

※縫份 0.5cm

※無實物尺寸紙型

◆ 擺 法

作品中有在正面加上蝴蝶結或裝飾繩。
（蝴蝶結的大小可隨喜好，製作方式請參照 P42）

將當提把的繩子換成鬆緊帶的話，也能改造成髮飾（製作方式請參照 P85）。

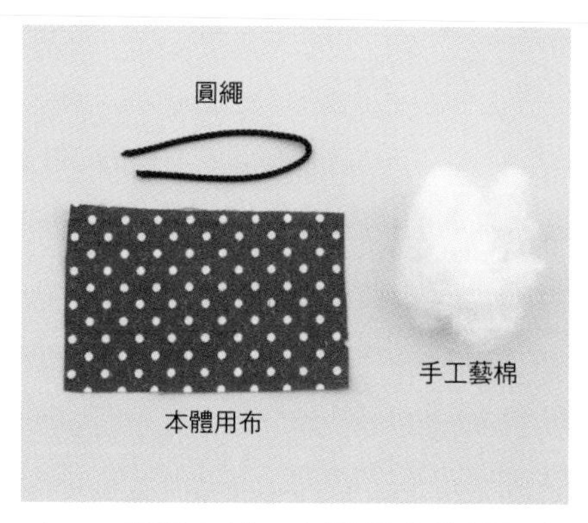

1 裁切布料。本體用布的周圍與繩子末端都先塗上防綻液。

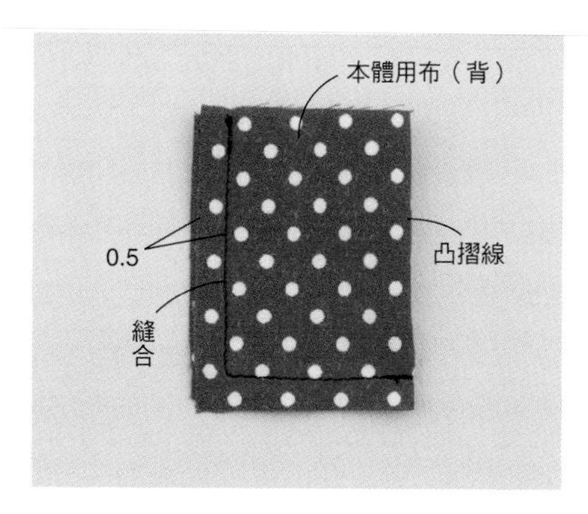

2 將本體用布以正面相對對摺，留下頂部以 L 字縫合。

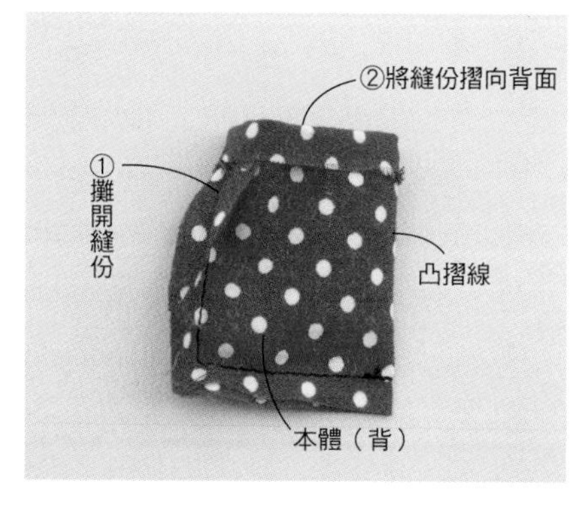

3 攤開側面的縫份①。將頂部的縫份摺向背面②。

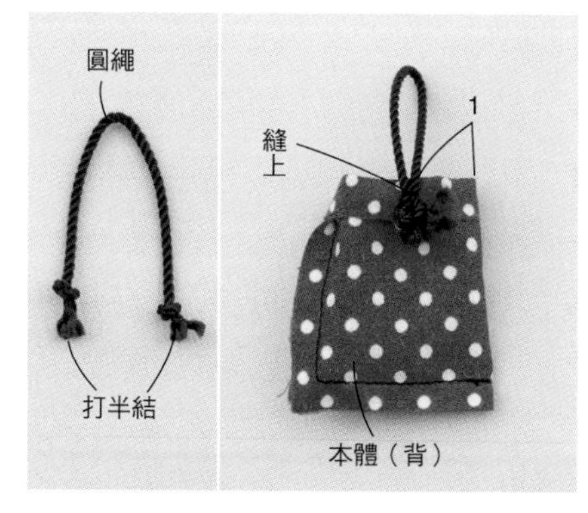

4 將繩子的兩端打半結，一起縫在本體開口的中心上。

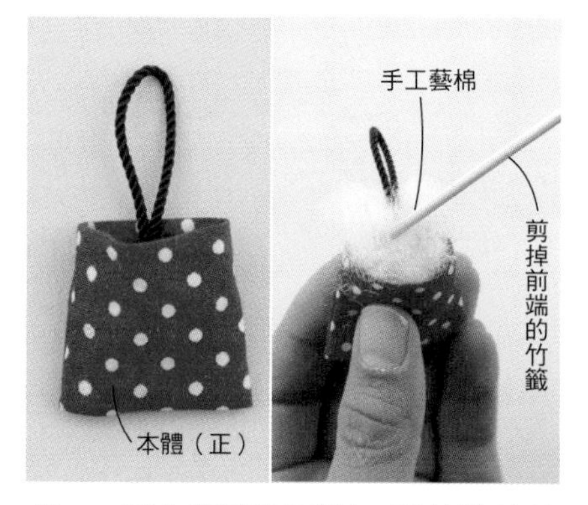

5 將本體翻至正面。用剪掉前端的竹籤將手工藝棉適當地塞入。

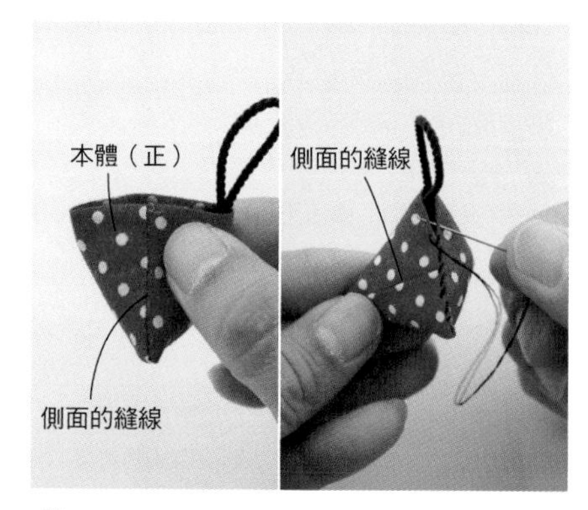

6 以側面縫線為中心，用要讓開口闔上的方式拿起（左）。將開口以藏針縫縫合。縫線側會在本體的後方。立體三角提包完成。

no.2　薄紗束口袋

◆ **材 料**

- 本體用薄紗
  小／15×15cm
  大／25×25cm
- 喜歡的各種配件
  ※珠子之類
- 喜歡的緞帶或穗帶適當長度

・本體用布（1片）

※無實物尺寸紙型

◆ **arrange**

光是改變薄紗的顏色氛圍也會跟著變化。配合薄紗的顏色，選擇要放進去的配件吧！

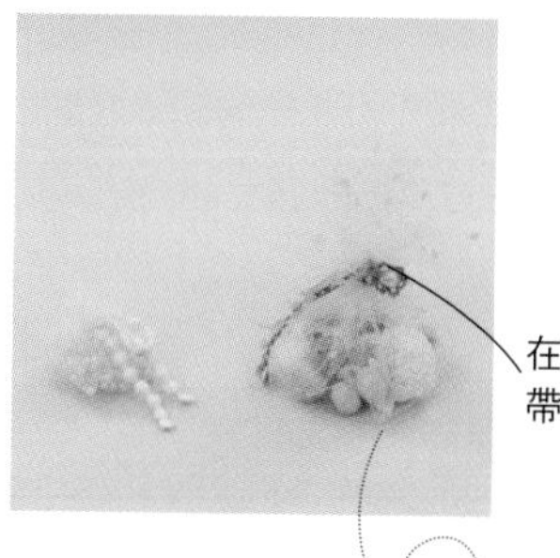

在袋口纏上穗帶當束口繩。

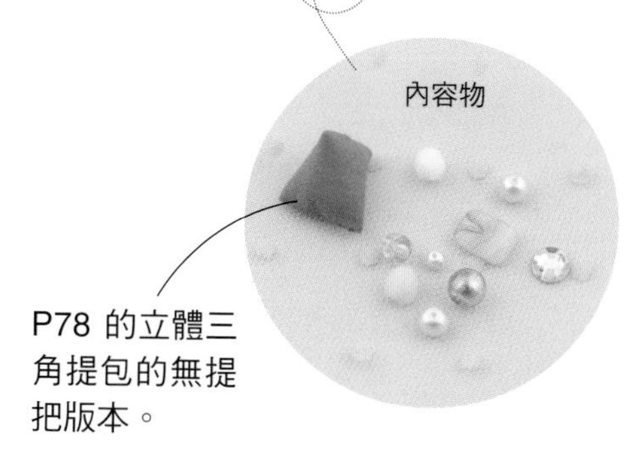

P78 的立體三角提包的無提把版本。

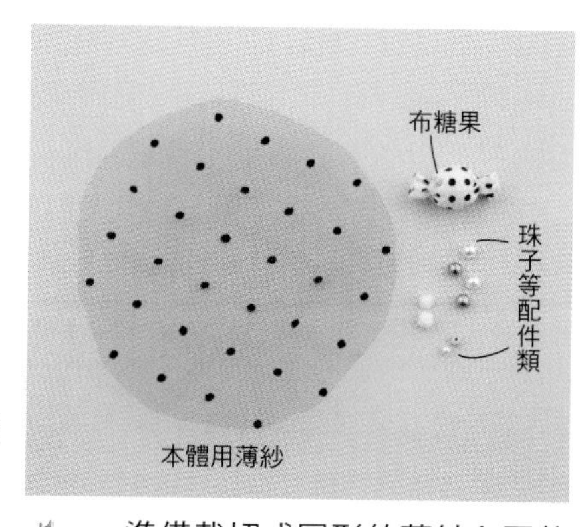

1　準備裁切成圓形的薄紗和要放進裡面的珠子等配件（布糖果的製作方式請參照 P82）。

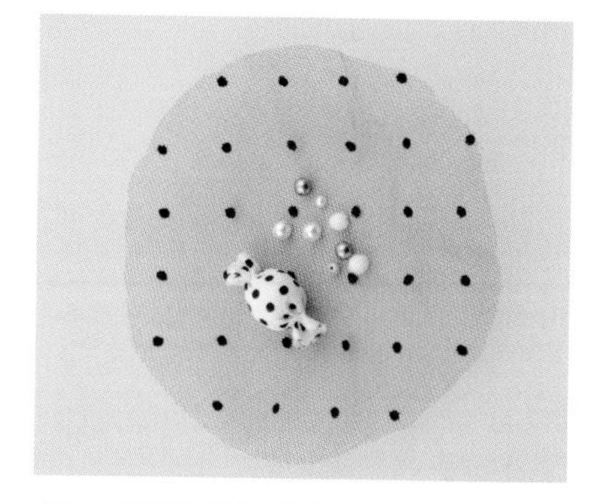

2　將準備好的配件放在薄紗中央。

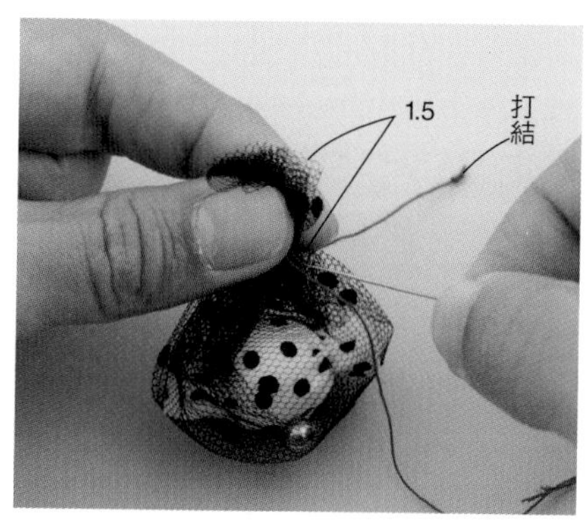

3　一面包住配件，一面捏住薄紗並從頂端往下 1.5cm 捏成袋狀。從捏著的地方穿過一針。

4　將捏住的部分用縫線繞兩、三圈。
※注意不要讓打結處穿過薄紗。

5　在 **4** 纏繞的縫線旁穿過一針，做收針打結剪斷縫線。

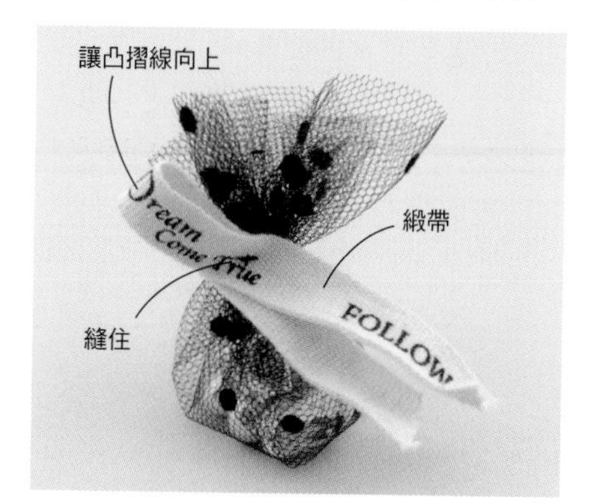

6　把對半摺的緞帶縫上，遮住在 **5** 打的結。薄紗束口袋完成。

no.3 緞帶手拿包

◆ **材料**

- 2cm 寬的緞帶 35cm
- 直徑 0.3cm 仿珍珠 2 顆
- 黑不織布 1.5×2.5cm

※無實物尺寸紙型

◆ **製作方式**

1

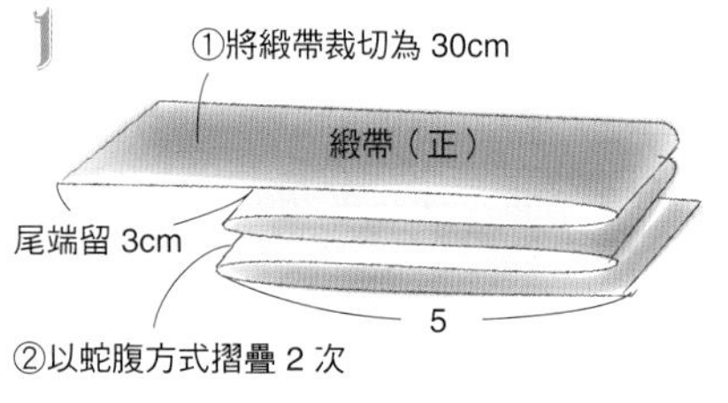

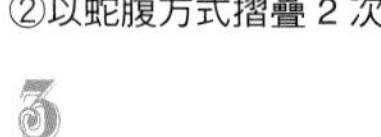

2

3

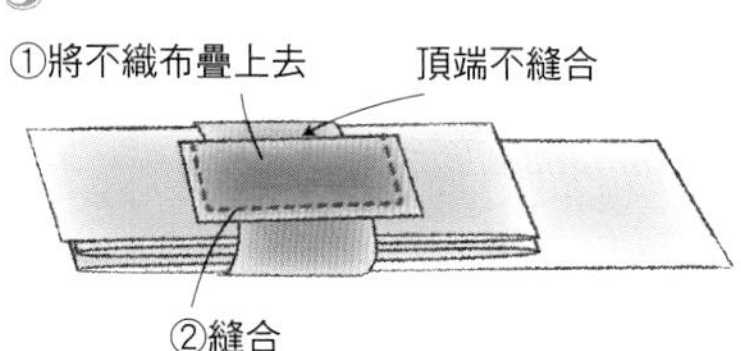

4

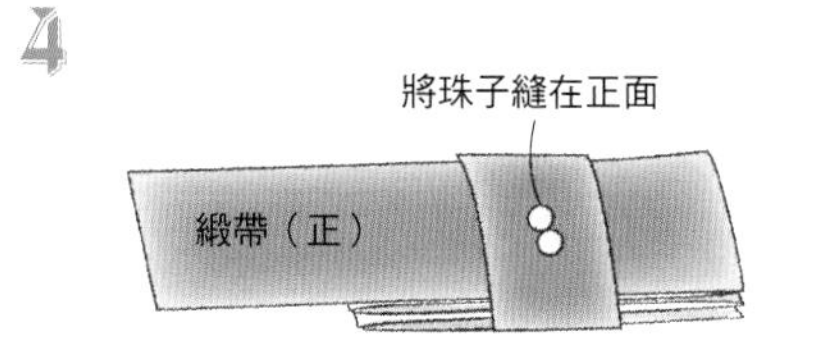

no.4 琉璃珠包

◆ **材料**

- 直徑 2cm 琉璃珠 1 顆
- 直徑 0.3cm 仿珍珠 13 顆
- 串珠用鐵絲適當長度

※無實物尺寸紙型

◆ **製作方式**

1

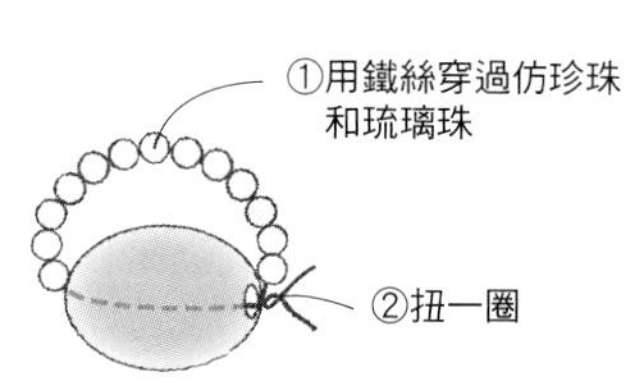

2

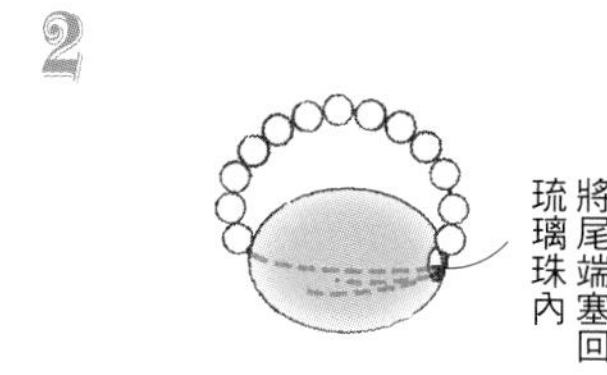

no.5 飯糰包

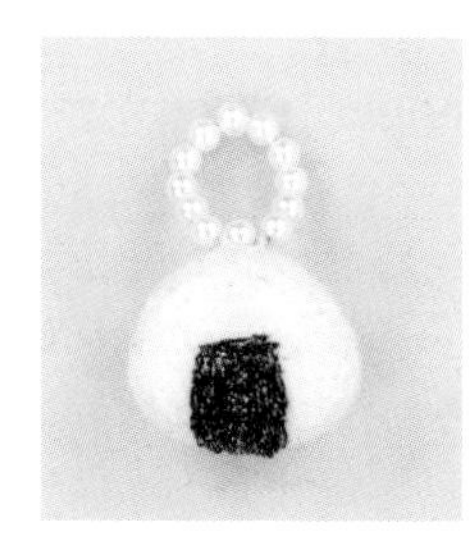

◆ **材料**

- 白不織布 10×5cm
- 直徑 0.3cm 仿珍珠 12 顆
- 刺繡線（黑金蔥）適當長度
- 手工藝棉適量

※紙型在81頁

・側面用布（2 片）

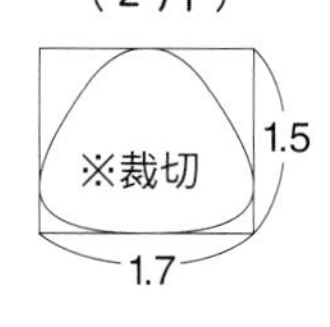

・側襠（1 片）

◆ **製作方式**

1

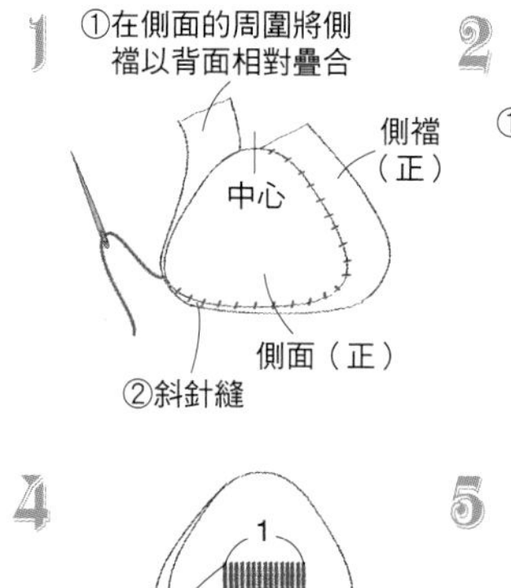

2

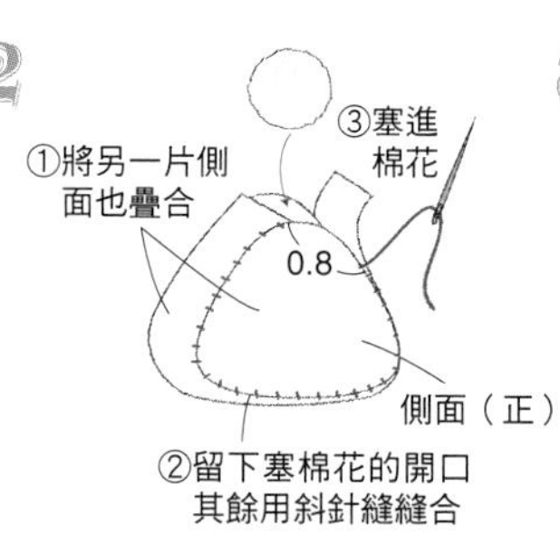

3

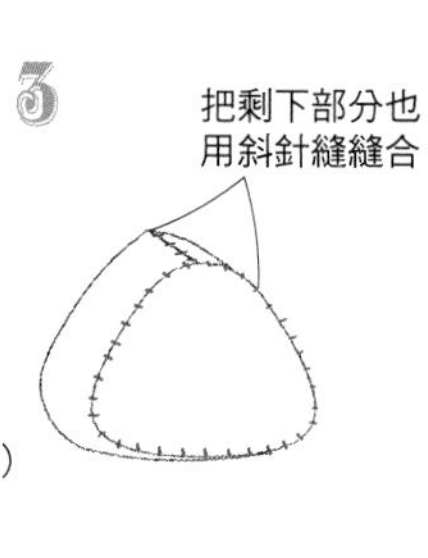

4

5

no.6　蒲公英包

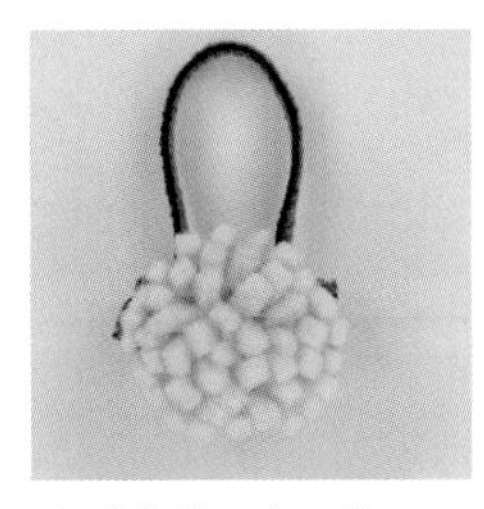

◆ **材 料**

- 黃不織布 1.5×15cm
- 0.4cm 寬的緞帶 10cm

※紙型在本頁下方

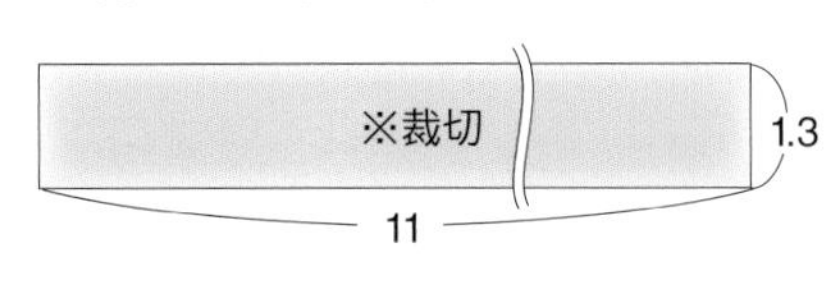

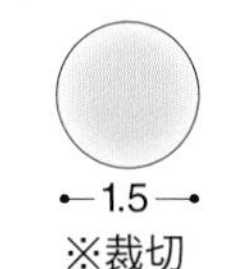

◆ **製 作 方 式**

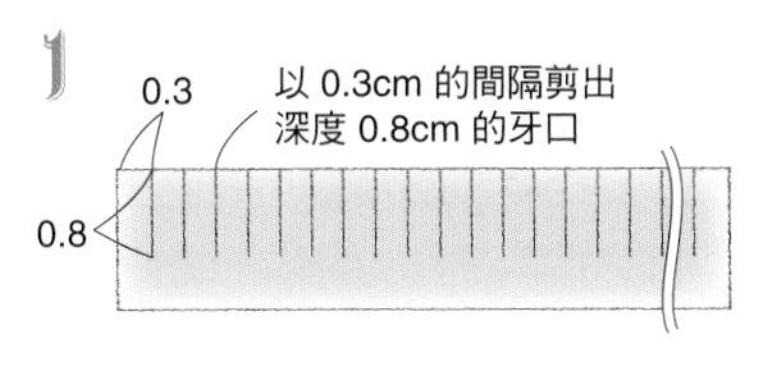

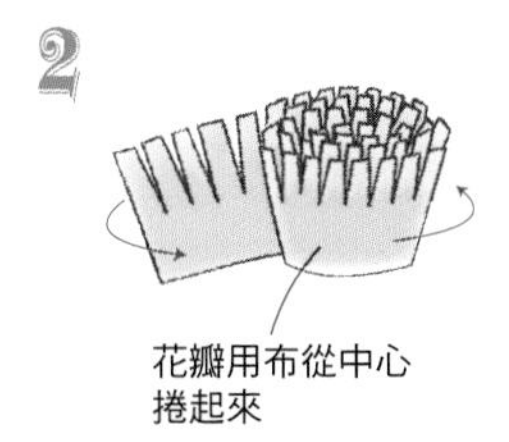

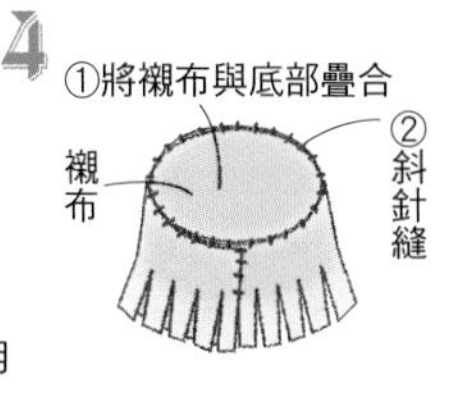

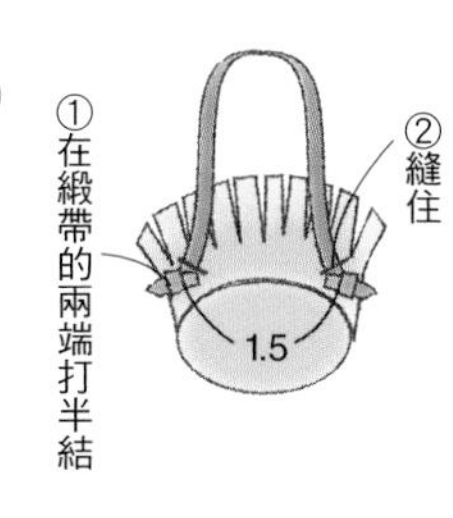

no.4　蕾絲提袋

◆ **材 料**

- 4.5cm 寬的蕾絲 10cm
- 提把用穗帶 10cm
- 長度 1cm 長方珠 1 顆
- 要放進去的配件適量
  ※珠子等

※無實物尺寸紙型

◆ **製 作 方 式**

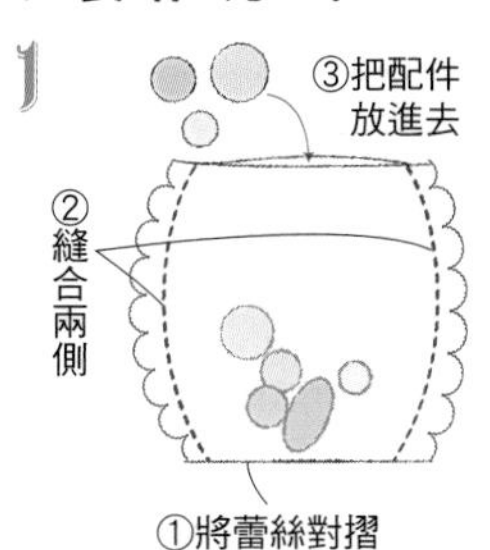

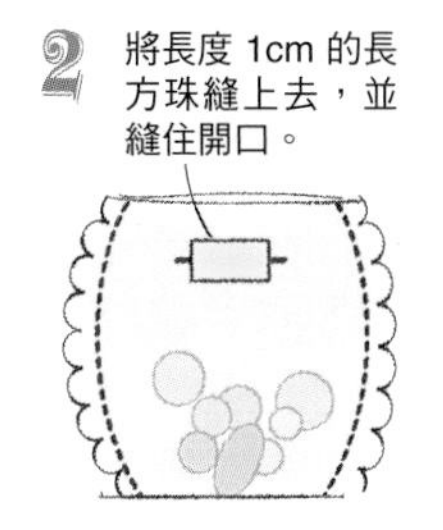

◆ **idea 將珠鍊 & 配件做成包包**

水果型的配件裝上珠鍊的肩包。

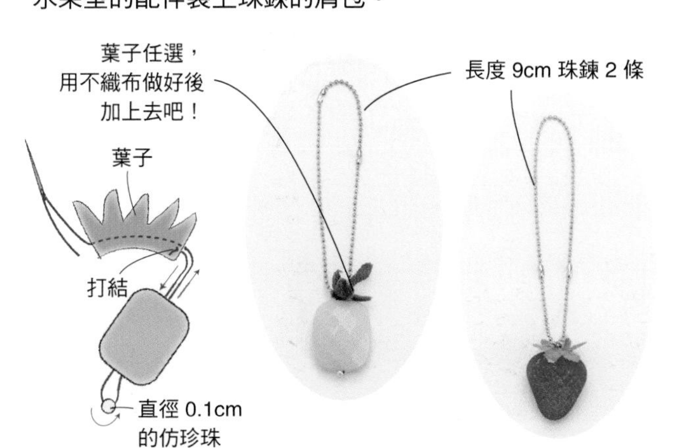

迷你提包的紙型

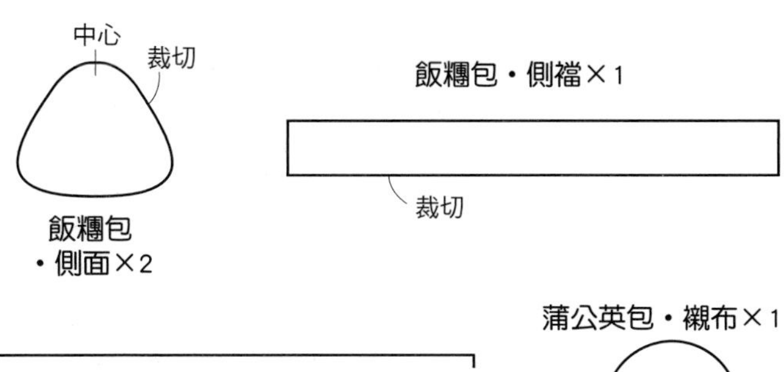

用布做的配件 Lesson

在做帶飾或髮飾時會很活躍的手工配件製作方式

no.1　薄紗糖果

◆ **材 料**

・薄紗 10×10cm
・布球 1 個
※布球的製作方式在 P83

・糖果用布（1 片）

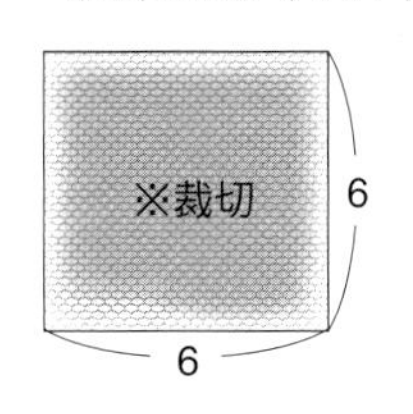

※無實物尺寸紙型

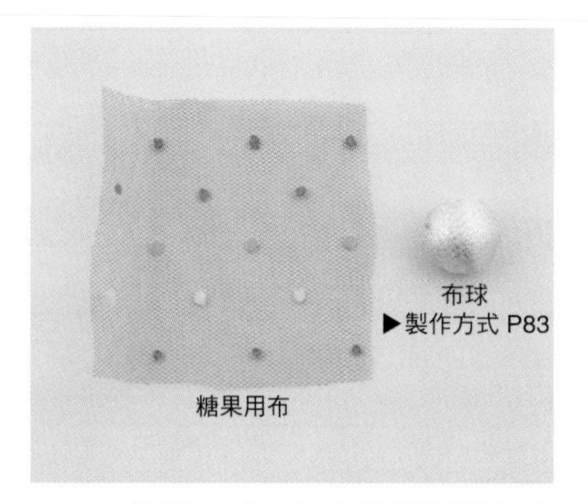

1　裁切布料。內容物選擇透出來也沒關係的東西。此處選擇布球。

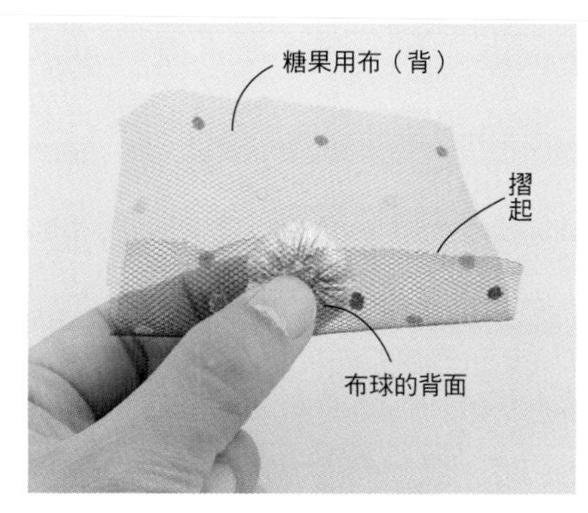

2　將背面朝上的布球疊在糖果用布的中央，薄紗往內摺 2cm 左右。

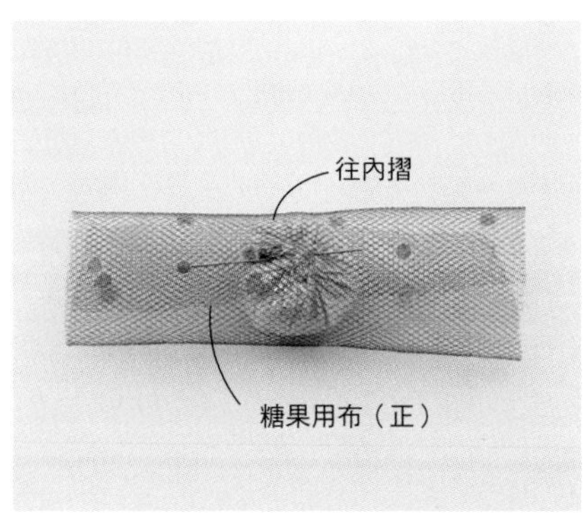

3　將糖果用布的另一邊往內摺，並與布球一起用珠針暫時固定。

4　和 P79 薄紗束口袋的製作方式步驟 3～5 相同，將薄紗在布球旁收緊開口。

5　另一邊也一樣在布球旁收緊開口，薄紗糖果完成。

no.2　布糖果

◆ **材 料**

・糖果用布 10×5cm
・手工藝棉適量

・糖果用布（1 片）

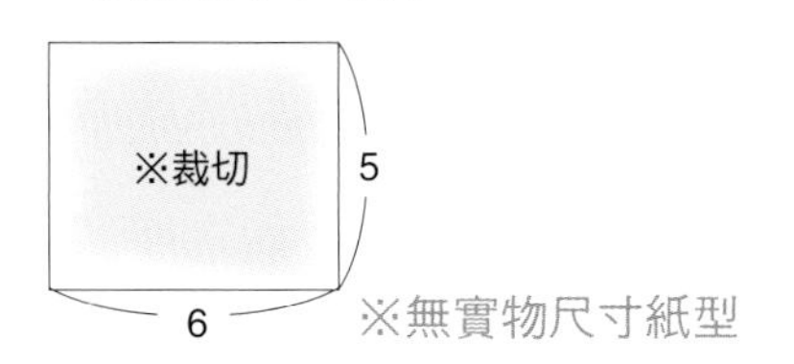

※無實物尺寸紙型

◆ **製 作 方 式**

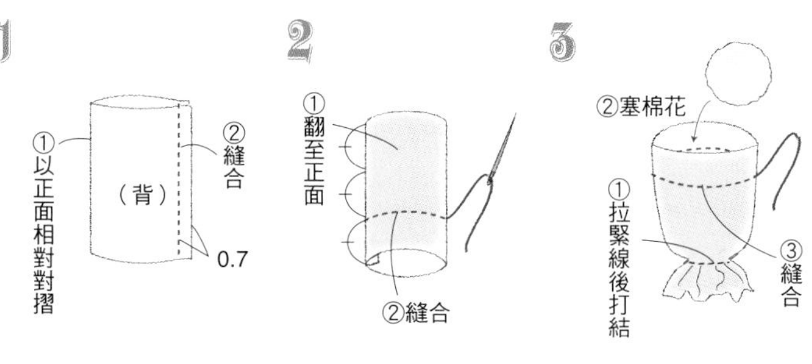

no.3　布球

◆ **材 料**

・布球用碎布
・手工藝棉適量
※無實物尺寸紙型

・布球用布（1片）

◆ **製 作 方 式**

1

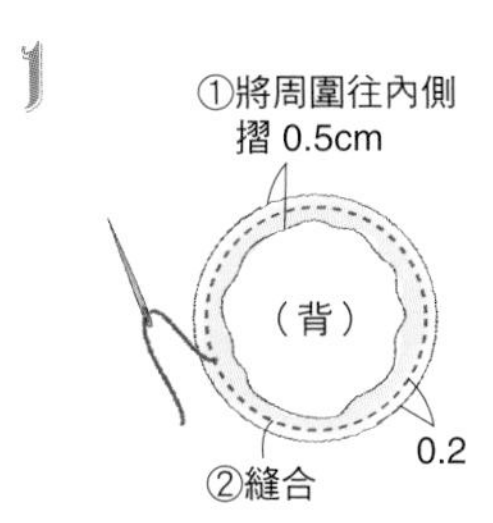

2

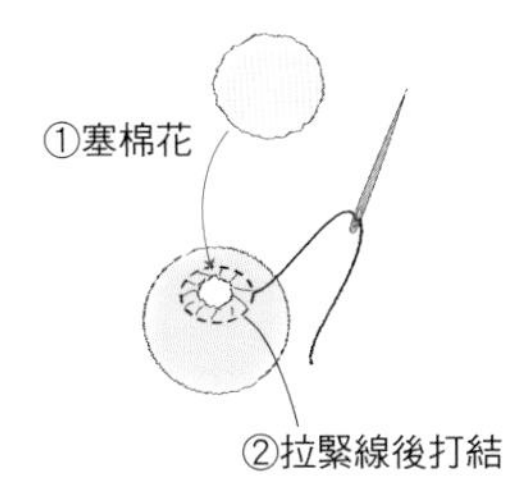

no.4　溜溜球

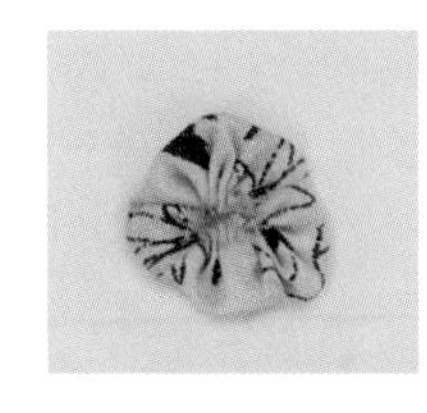

◆ **材 料**

・溜溜球用碎布
※無實物尺寸紙型

・溜溜球用布（1片）

◆ **製 作 方 式**

1

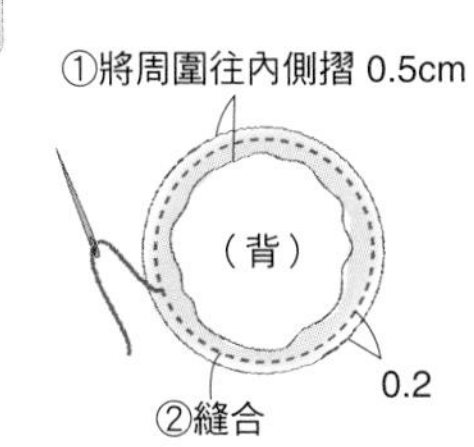

2

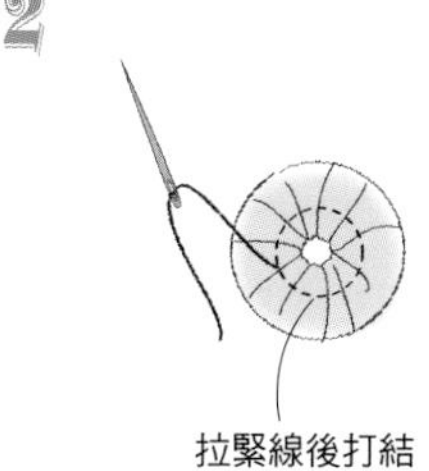

no.5　猴拳結

◆ **材 料**

・直徑 1.3cm 彈珠 1 顆
・直徑 0.2cm 純絲繩 3 色各適當長度
※猴拳結可從材料店等處購買。

◆ **製 作 方 式**

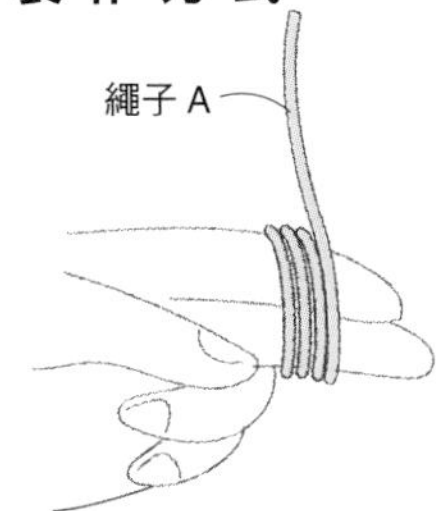

1 將繩子 A 在指尖繞 4 圈。

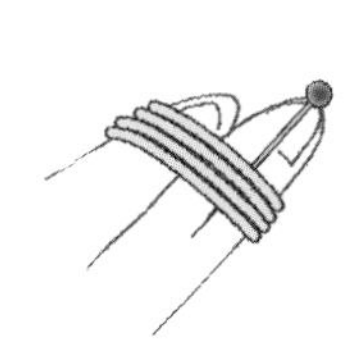

2 抓住繩子頭尾，用珠針固定後抽出手指。

3 用繩子 B 垂直繞 4 圈，從繩圈之間塞入彈珠。

繩子 C ② ③ ② ①

4 用繩子 C 做出環，穿過繩子 A①，繞過繩子 B 穿過一開始做的環②，以覆蓋在繩子 B 上的方式繞 4 圈③。

5 拉緊繩子調整形狀，多餘的繩子剪掉後塞進繩圈下。

no.6　冰棒

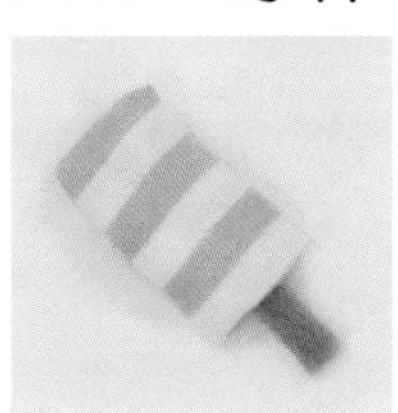

◆ **材 料**

・冰用布 5×5cm
・褐色不織布少量
※紙型在頁面下方
※無冰的紙型

・冰用布（1片）

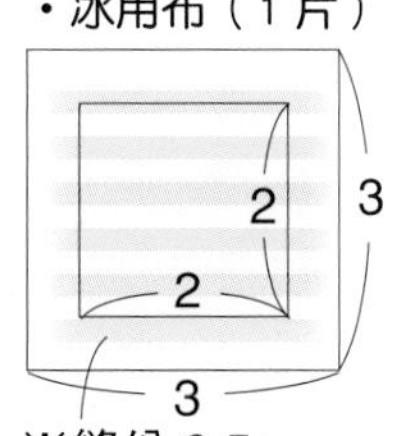

・棒子用布（1片）

1
0.3
※裁切不織布

◆ **製 作 方 式**

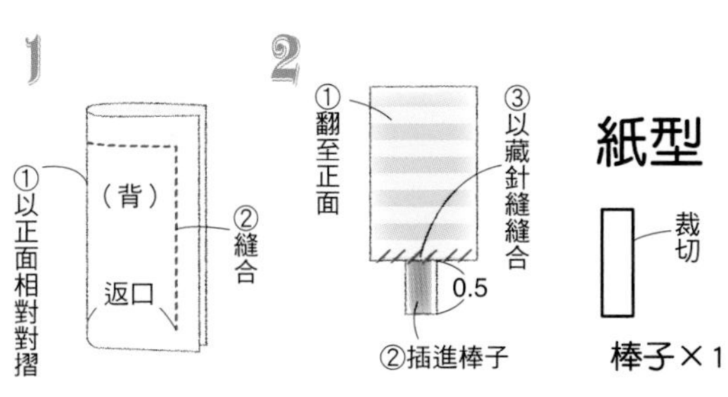

髮飾 Lesson

整理髮型會變得很開心的髮飾製作方式。
裡面有些是改造前面登場過的配件，請一併確認參照頁面。

U 型夾的髮飾

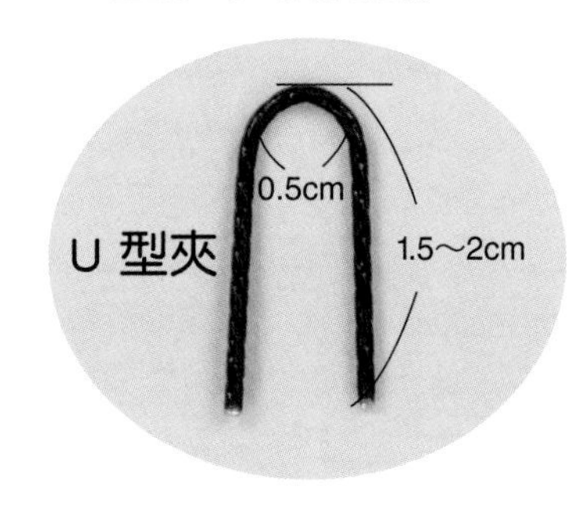

使用市售的 U 型夾。給娃娃用太大，所以剪掉 1.5～2cm，並將彎曲處捏到剩 0.5cm 左右。

no.1　蝴蝶結 1

◆ 材 料

・1.5 cm 寬的緞帶 10cm
・直徑 0.5cm 的珠子 1 顆
・U 型夾 1 根

◆ 製 作 方 式

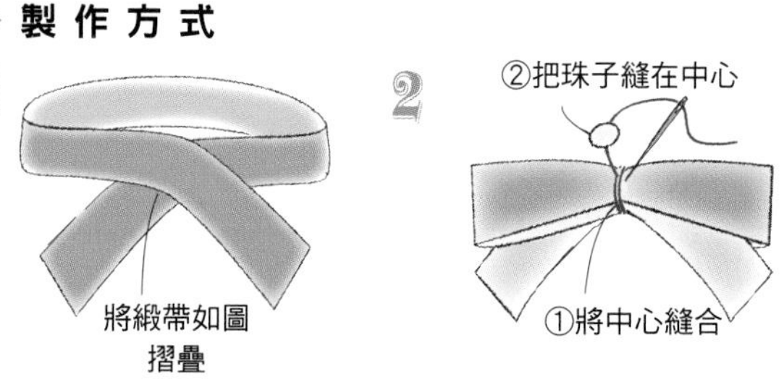

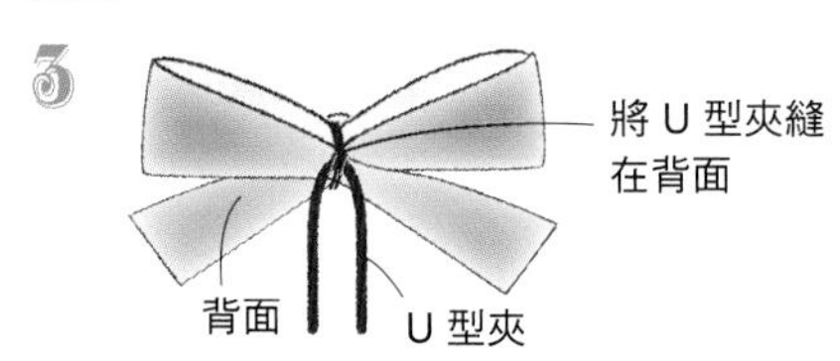

no.2　蝴蝶結 2

◆ 材 料

・蝴蝶結 A、B（包含中心用布）用布各 10×15cm
・U 型夾 1 根
※無實物尺寸紙型

・蝴蝶結 A 用布（1 片）　・蝴蝶結 B 用布（1 片）　・中心用布（1 片）

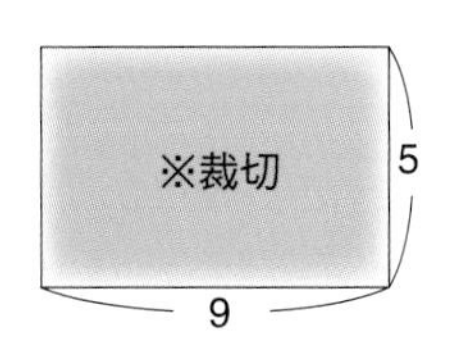

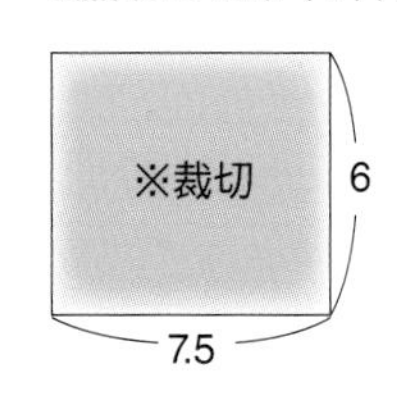

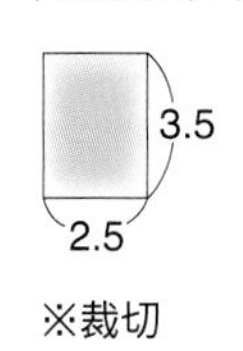

※裁切

◆ 製 作 方 式

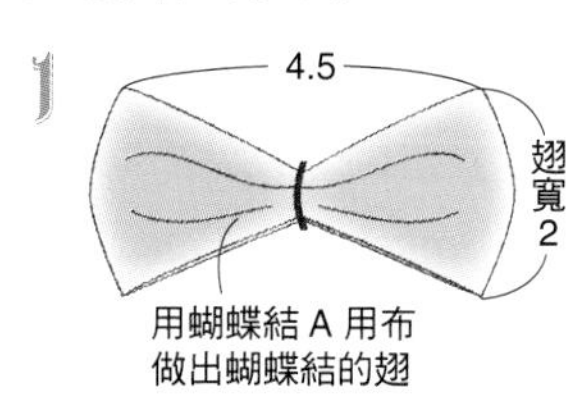

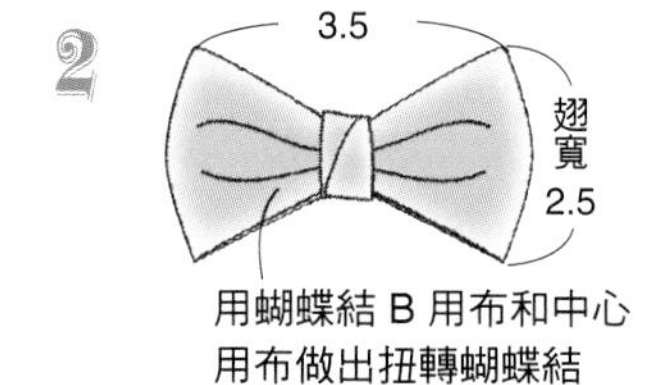

▶請參照 P42「腰帶・尾部／蝴蝶結」步驟 1～3、「扭轉蝴蝶結」

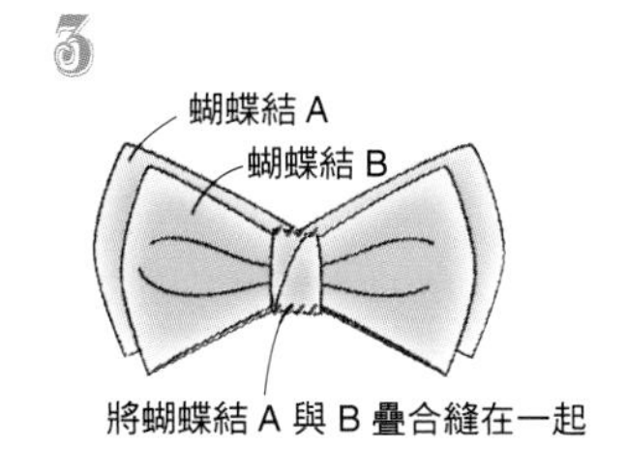

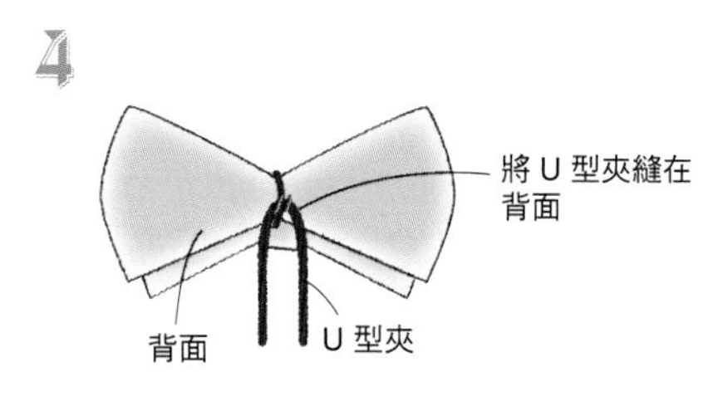

no.3　溜溜球

◆ 材 料

・溜溜球用布 5×5cm
・直徑 0.2cm 仿珍珠 1 顆
・U 型夾 1 根
※無實物尺寸紙型

・溜溜球用布（1 片）

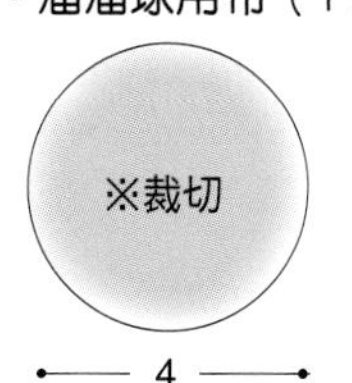

◆ 製 作 方 式

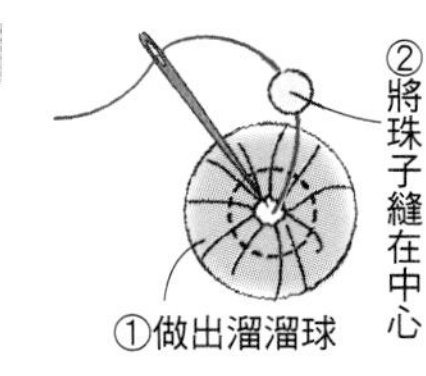

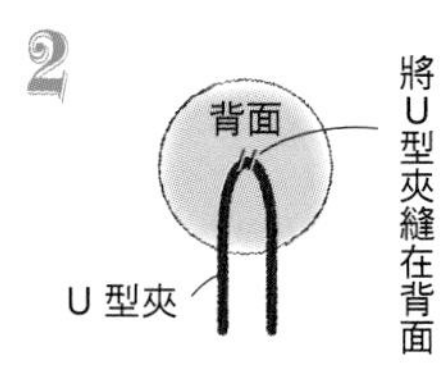

▶請參照 P83「no.4 溜溜球」

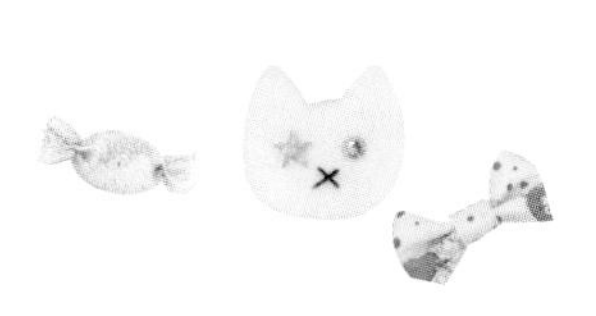

no.4　花朵髮夾

◆ **材 料**

・1.5cm 寬的蕾絲 10cm
・直徑 0.5m 珠子 1 顆
・U 型夾 1 根

◆ **製 作 方 式**

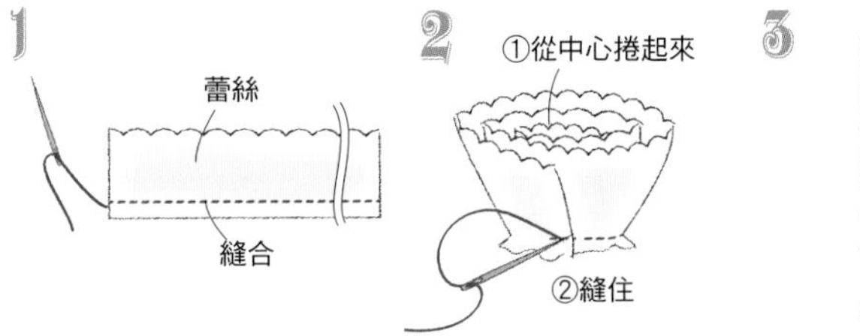

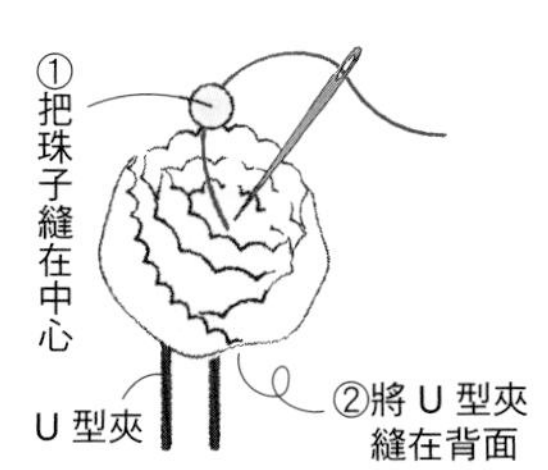

no.5　王冠

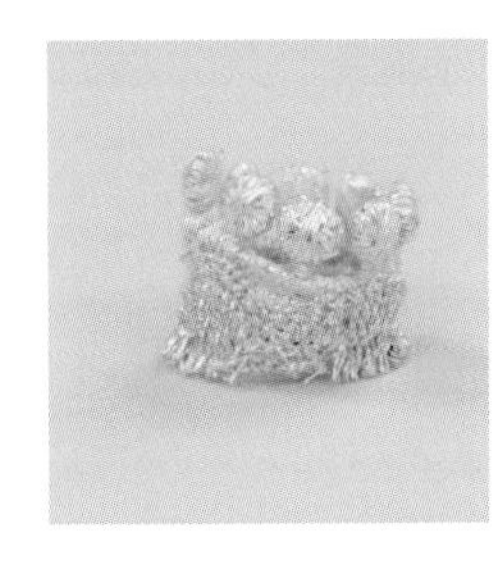

◆ **材 料**

・1cm 寬附邊飾穗帶 3.5cm
・U 型夾 1 根

◆ **製 作 方 式**

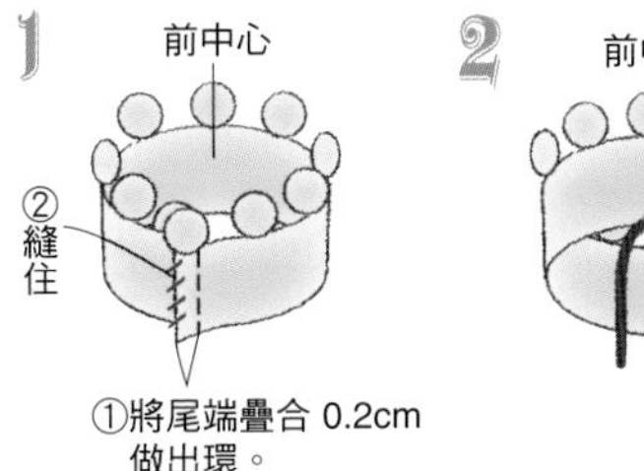

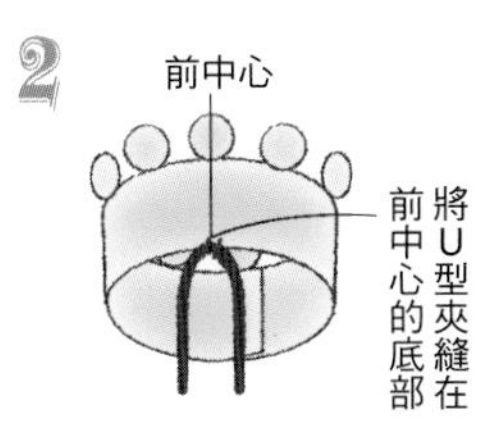

no.6　蕾絲髮夾

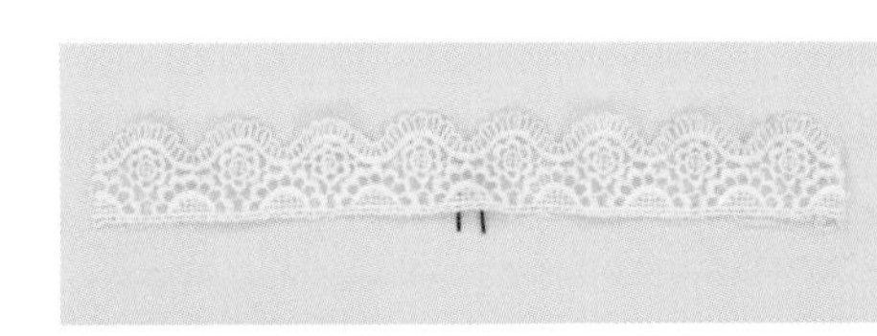

◆ **材 料**

・2.5cm 寬的蕾絲 20cm
・U 型夾 1 根

◆ **製 作 方 式**

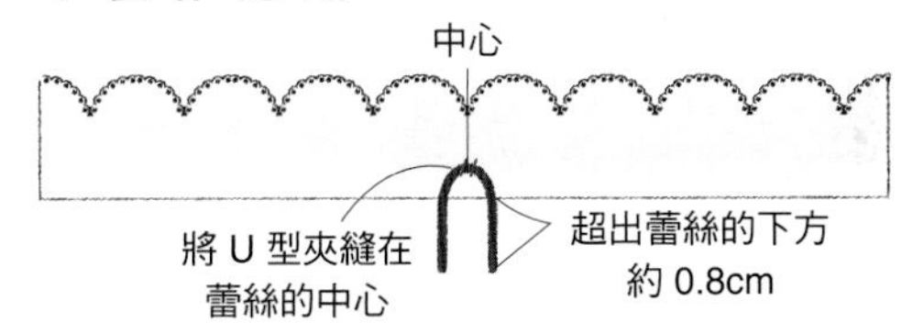

※若會在意蕾絲的裁切邊，可塗上防綻液

髮圈的髮飾

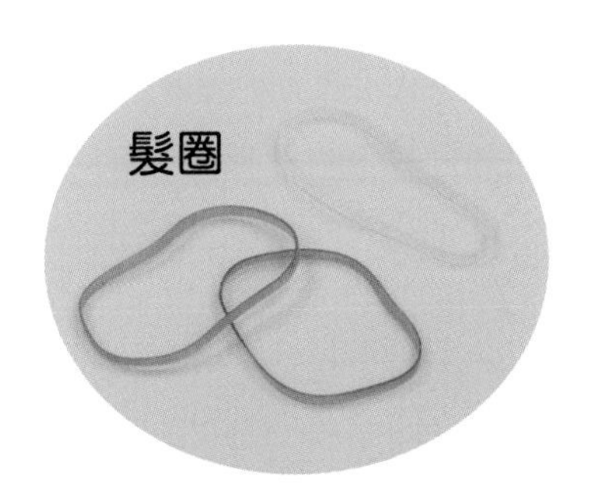

使用市售的髮圈，若要當做頭飾的固定工具使用時，選擇和娃娃大小尺寸一致的髮圈吧！

no.1　立體三角頭飾

◆ **材 料**

・立體三角配件用布 2 種各 10×5cm
・髮圈 1 個

※無實物尺寸紙型

・立體三角配件大用布（1 片）

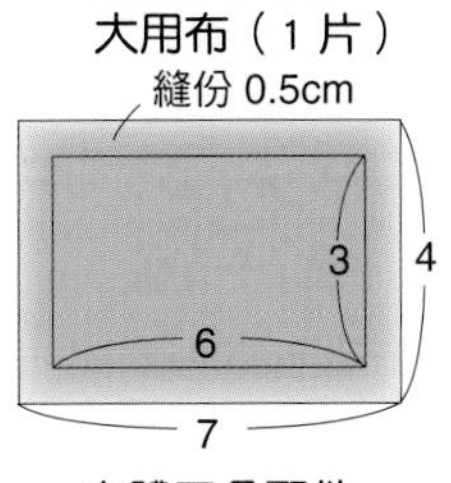

・立體三角配件小用布（1 片）

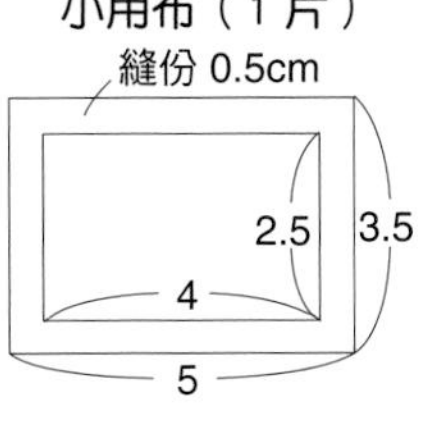

◆ **製 作 方 式**

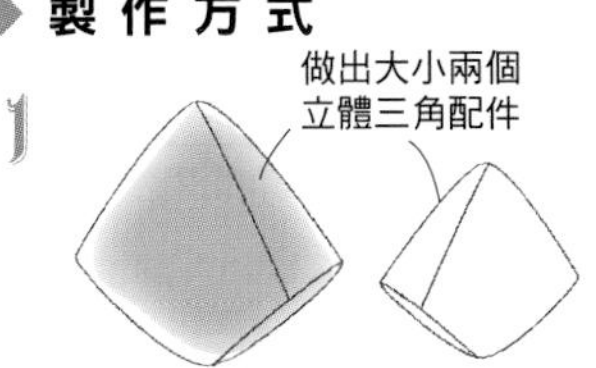

▶參照 P78「no.1 立體三角提包」（步驟 4 以外，製作時不加繩子）

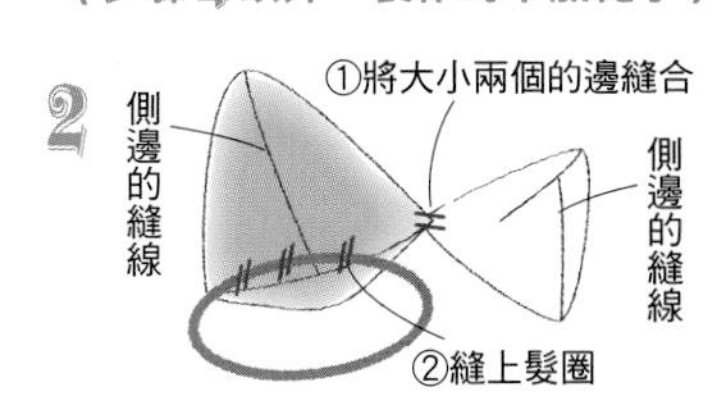

no.2 雙蝴蝶結的髮飾

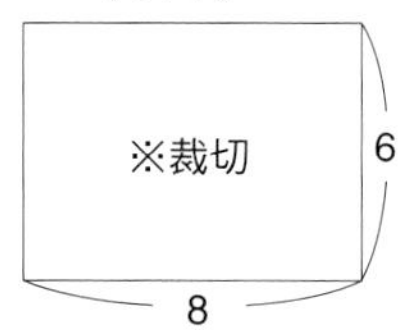

◆ 材料

- 蝴蝶結 A 用布（含中心 A 用布）10×10cm
- 蝴蝶結 B 用布（含中心 B 用布）10×5cm
- 髮圈 1 條

※無實物尺寸紙型

- 蝴蝶結 A 用布（1 片）
- 蝴蝶結 B 用布（1 片）
- 中心 A 用布（1 片）
- 中心 B 用布（1 片）

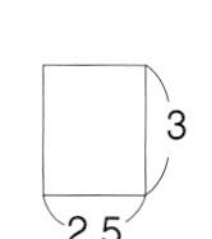

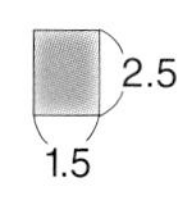

※裁切 6 8
3 2.5 ※裁切

◆ 製作方式

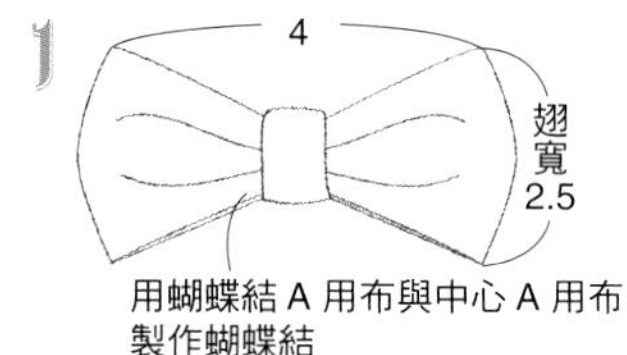

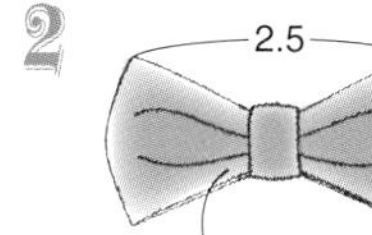

▶步驟 1、2 皆請參照 P42「腰帶・尾部／蝴蝶結」

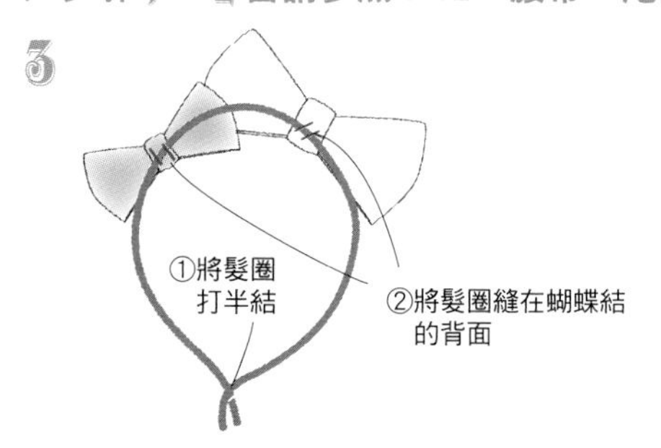

no.3 包扣帽子

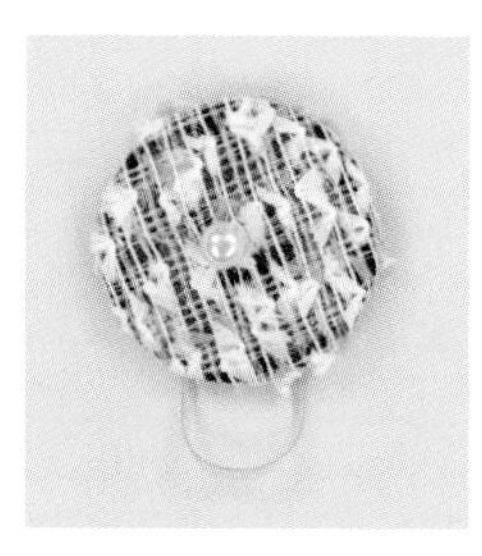

◆ 材料

- 包釦用布 10×10cm
- 白色不織布 5×5cm
- 直徑 0.8cm 仿珍珠 1 顆
- 直徑 3.8cm 包釦工具 1 組
- 髮圈 1 條

※無實物尺寸紙型

- 包釦用布（1 片）
- 襯布（1 片）

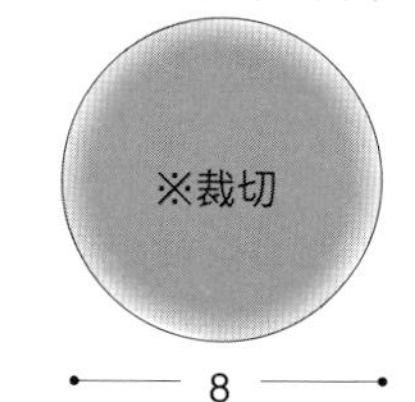

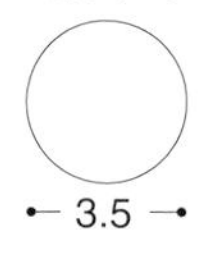

※裁切不織布

※包釦工具可在材料店購入
※包釦用布照工具附的紙型裁切也 OK

◆ 製作方式

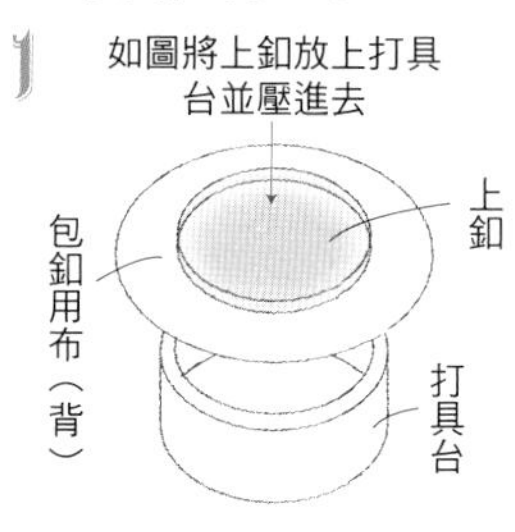

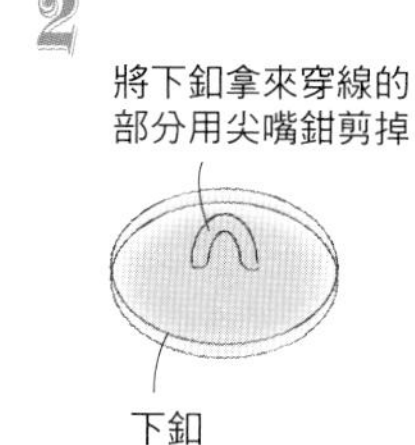

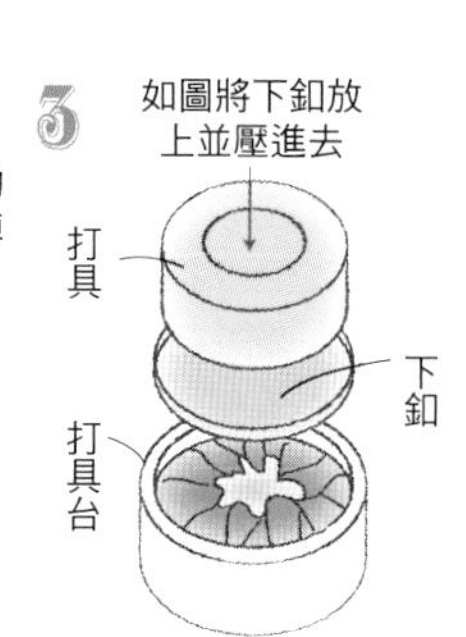

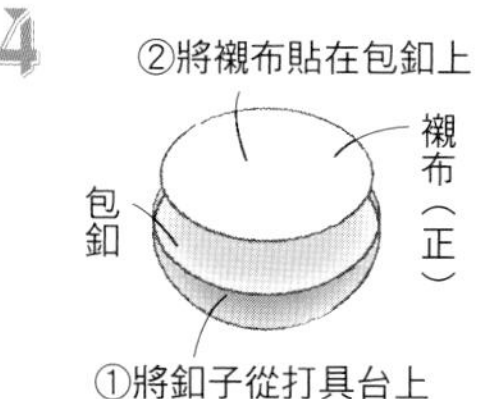

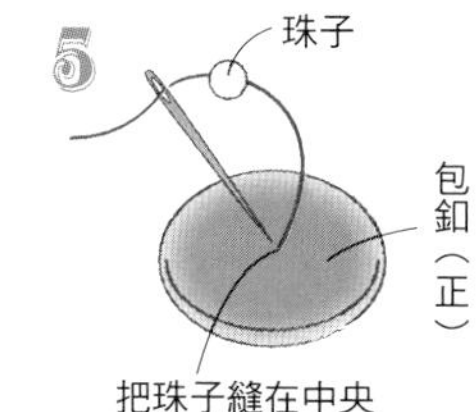

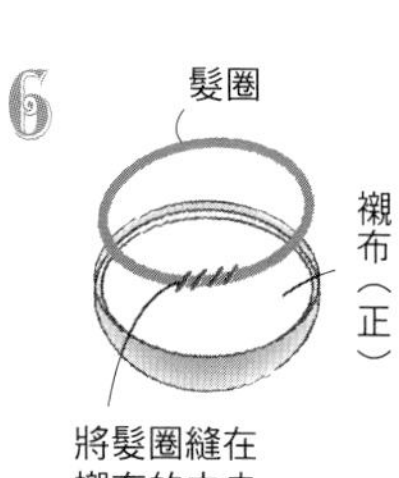

no.4 附花朵溜溜球頭飾

◆ 材料

- 溜溜球用布 10×10cm
- 喜歡的人造花適量
- 髮圈 1 條

※無實物尺寸紙型

- 溜溜球用布（1 片）

※裁切
9

◆ 製作方式

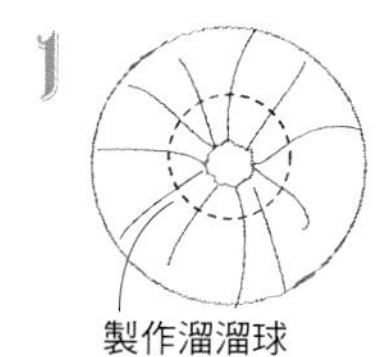

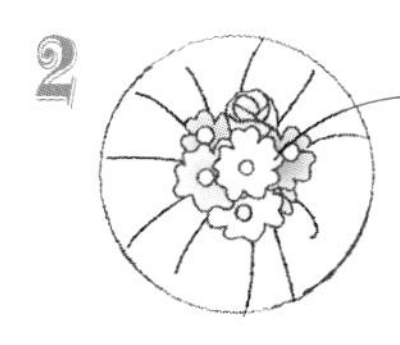

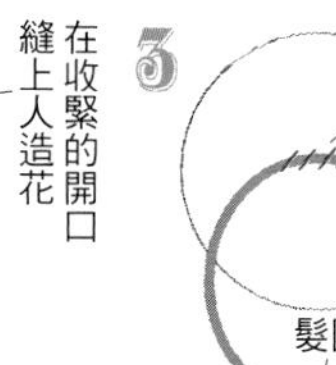

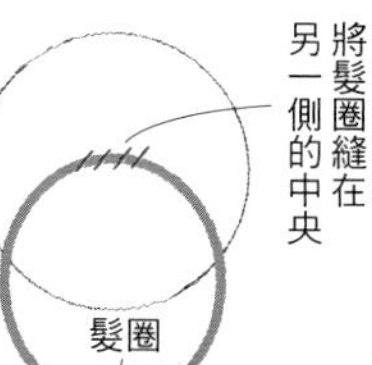

▶請參照 P83「no.4 溜溜球」

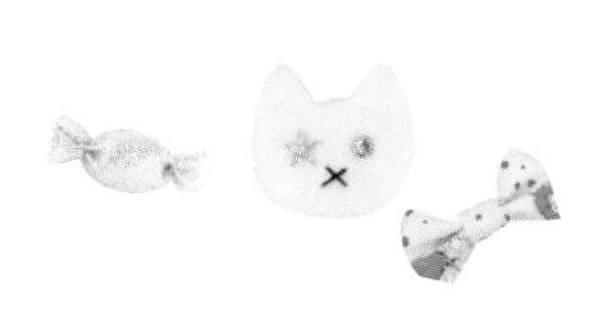

no.5 螺絲孔髮箍

◆ **材 料**

・溜溜球用布 15×10cm
・白色不織布 5×5cm
・手工藝棉、刺繡線（黑金蔥）各適量
・髮圈 1 條
※無實物尺寸紙型

・溜溜球用布（2 片）
※裁切
7

・襯布（2 片）
1
※裁切不織布

◆ **製 作 方 式**

1

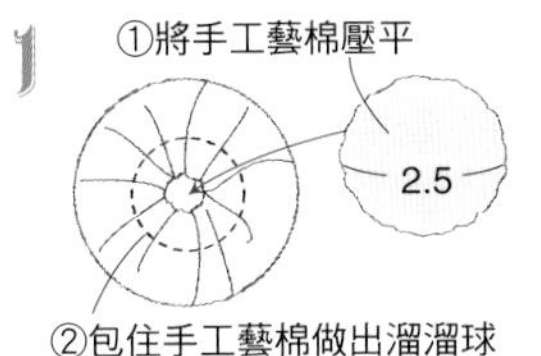

▶**請參照 P83「no.4 溜溜球」**

2

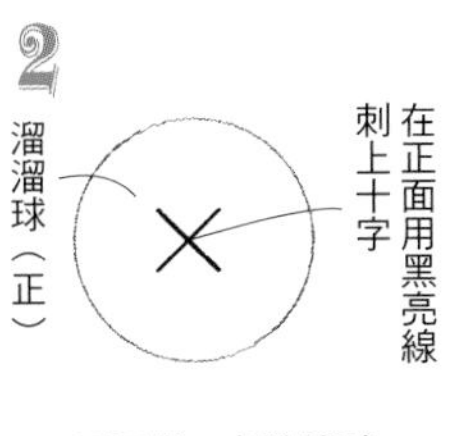

※再做 1 個溜溜球

3

①將髮圈疊在收緊的開口上
②疊上襯布後以藏針縫縫合
髮圈
溜溜球（背）

no.6 泡泡球頭飾

◆ **材 料**

・布球用布白色 3 片各 10×10cm
・直徑 1cm 白毛球 1 粒
・手工藝棉適量
・直徑 0.3、0.4、0.7cm 仿珍珠各 1 顆
・0.5cm 寬的穗帶 4cm
・髮圈 1 條

・布球用布（3 片）

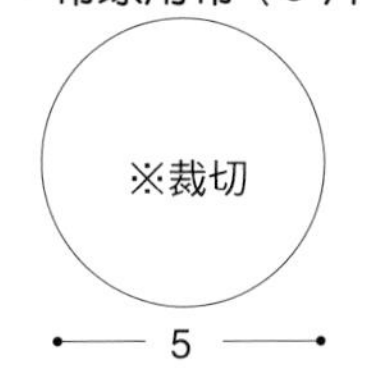

※無實物尺寸紙型

◆ **製 作 方 式**

1

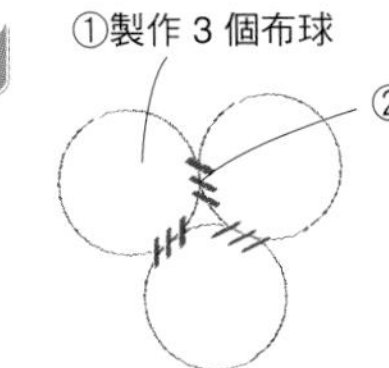

▶**請參照 P83「no.3 布球」**

2

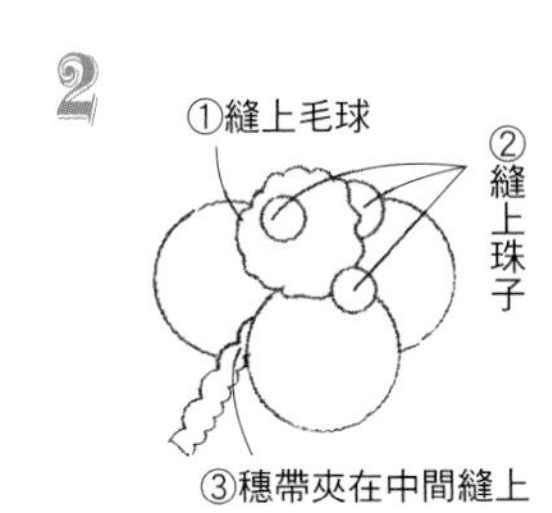

3

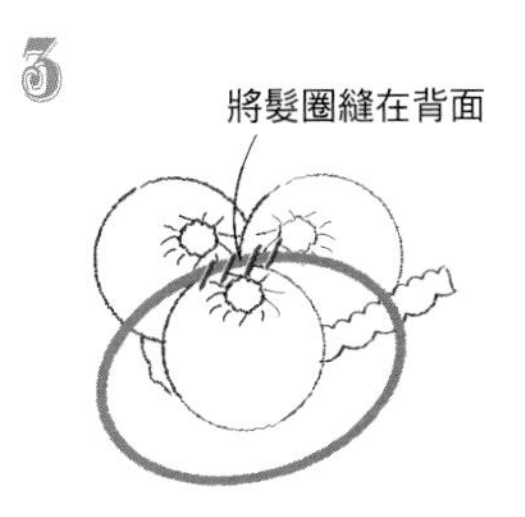

no.7 貓咪面具

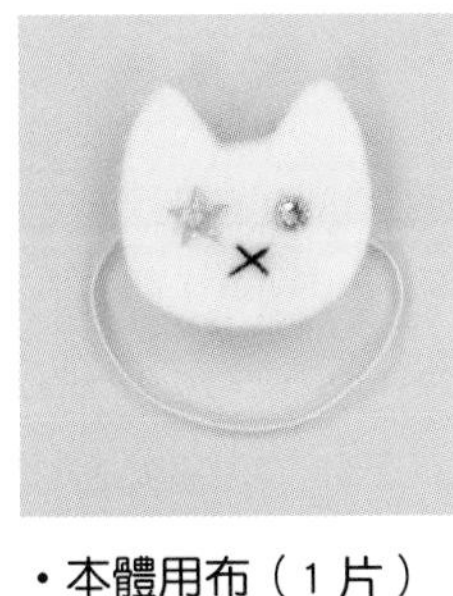

◆ **材 料**

・0.5cm 厚白不織布 5×5cm
・直徑 0.7cm 星型亮片
直徑 0.4cm 水鑽
直徑 0.1cm 珠子各 1 顆
・髮圈 1 條
※實物尺寸紙型在頁面下方

・本體用布（1 片）
※裁切
2.7
3

※若要使用 0.2cm 厚的不織布時，將 2 片重疊以接著劑黏合

◆ **製 作 方 式**

1

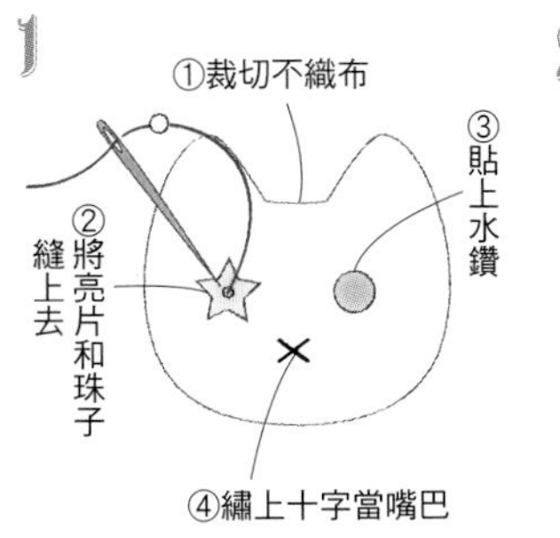

2

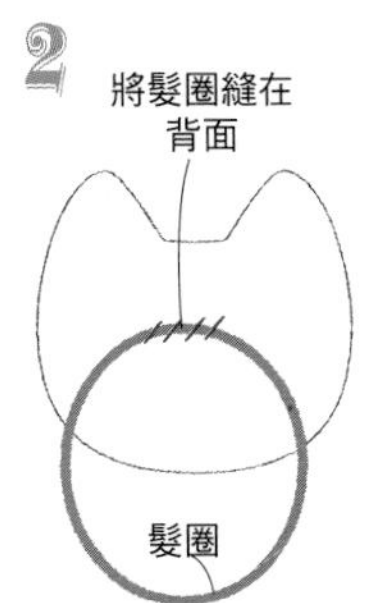

紙型

貓咪面具・本體×1

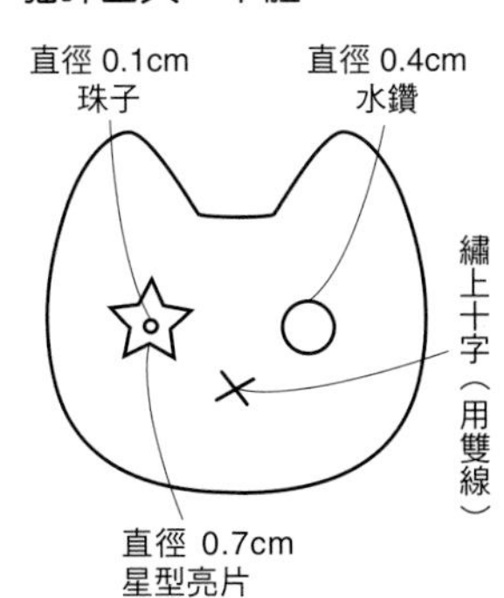

no.8　附珍珠的蝴蝶結頭飾

◆ **材 料**

- 蝴蝶結 A、B（含中心用布）各 15×20cm
- 裝飾用薄紗 10×10cm
- 直徑 0.5cm 仿珍珠 4 顆
- 髮圈 1 條

※無實物尺寸紙型

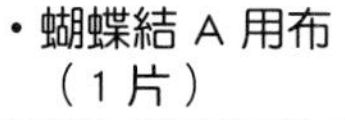

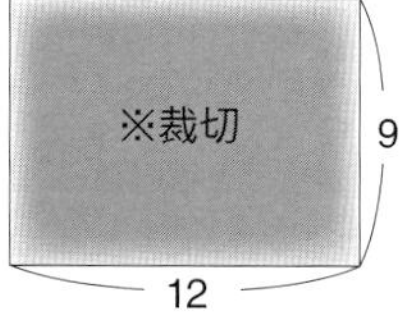

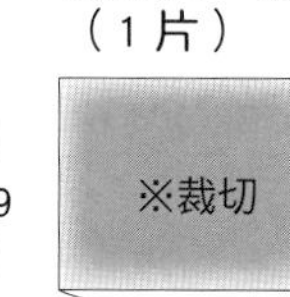

6
5
※裁切

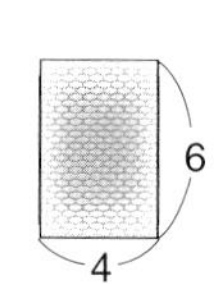

◆ **製 作 方 式**

1

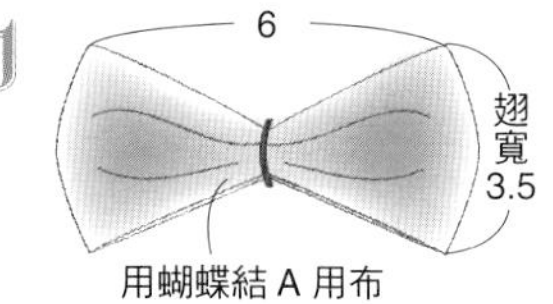

2

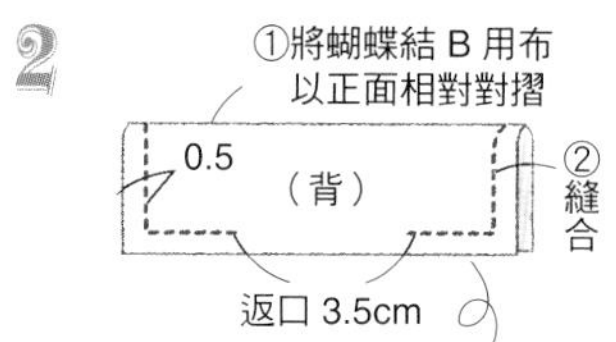

▶**請參照 P42「腰帶・尾部／蝴蝶結」**

3

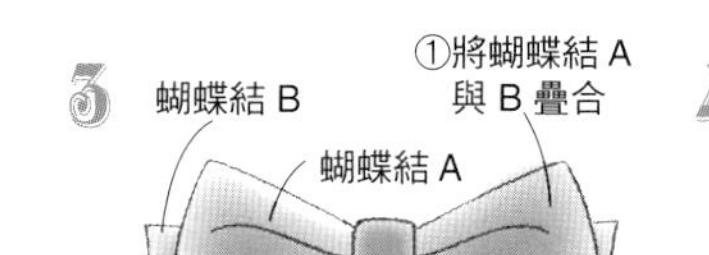

4

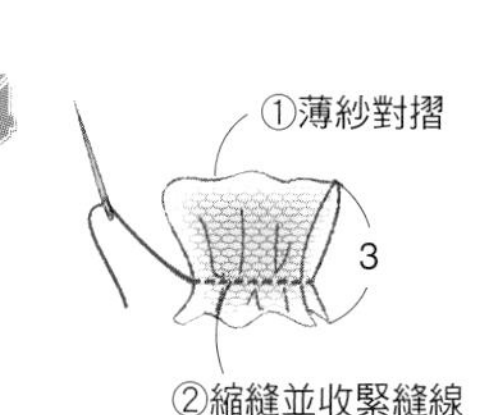

▶**請參照 P42「腰帶・尾部／蝴蝶結」**

5

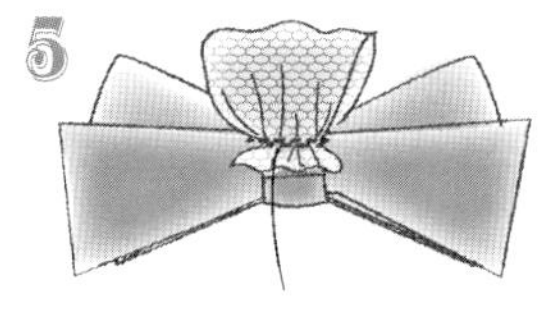

6

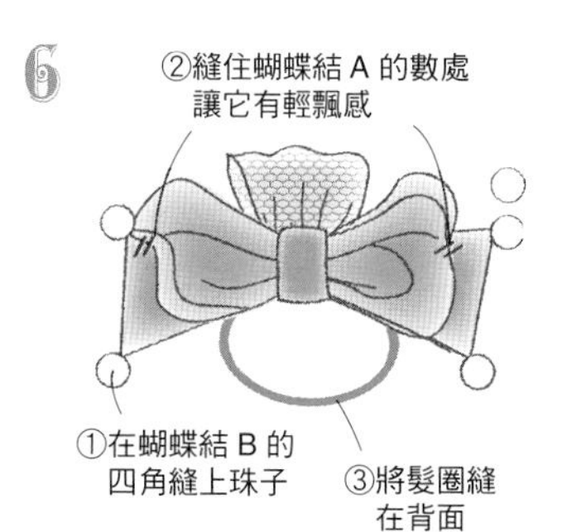

no.9　白花頭飾

◆ **材 料**

- 花朵用布 30×10cm
  ※使用白雪紡布料
- 髮圈 1 條

※無實物尺寸紙型

・花朵用布（1 片）

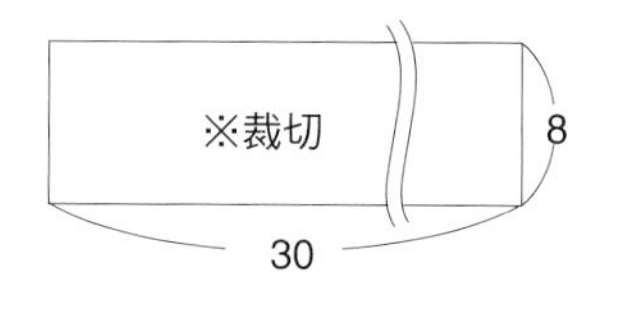

◆ **製 作 方 式**

1

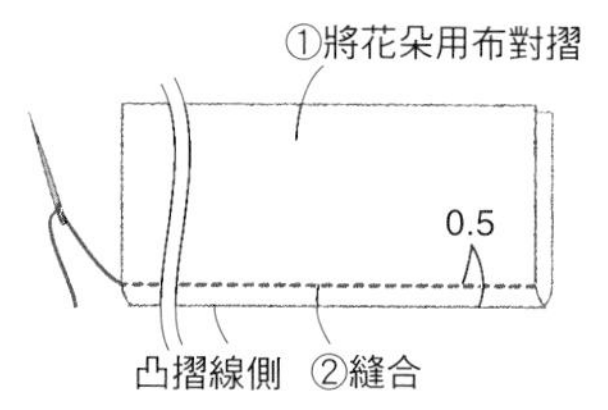

2

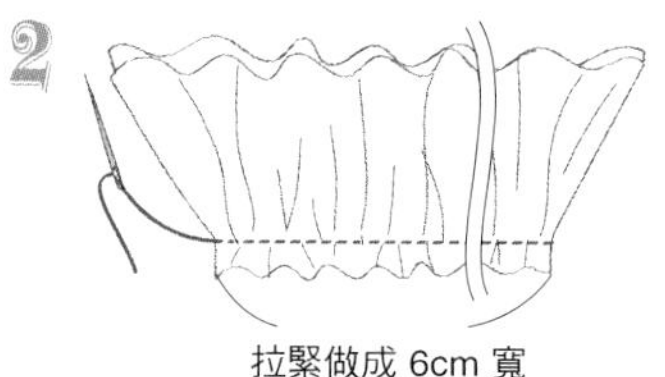

3

①對摺

②將重疊的縫份
以斜針縫縫合

4

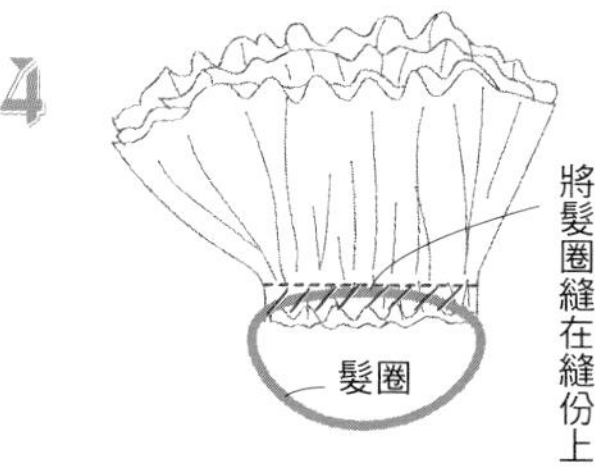

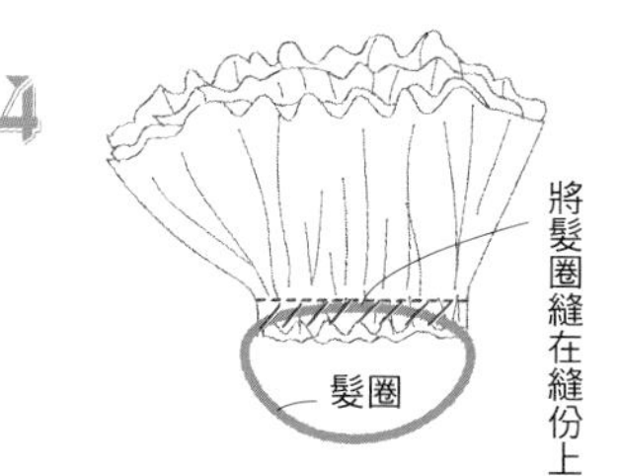

no.10　猴拳結的髮飾

◆ **材 料**

- 猴拳結 1 個
- 直徑 1.5cm
  花飾 1 個
  ※立體型
- 直徑 0.8cm 珠子
  1 顆
- 髮圈 1 條

▶**請參照 P83「no.5 猴拳結」**

◆ **製 作 方 式**

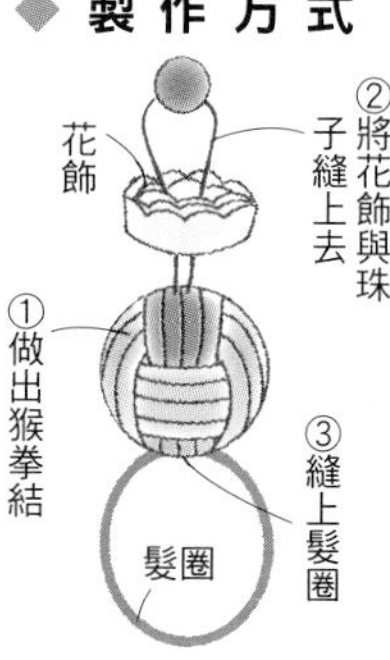

no.11 糖果髮飾

◆ 材料

- 糖果 A 用布 5×10cm
- 糖果 B 用布 5×5cm
  ※使用蟬翼紗
- 布球用布 10×10cm
- 直徑 1cm 左右的配件 1 個
- 手工藝棉適量
- 髮圈 1 條

・糖果 A 用布（1 片）

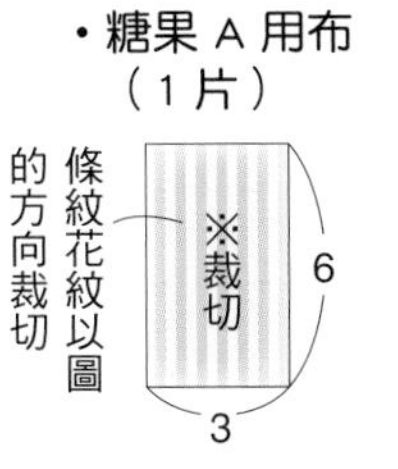

・糖果 B 用布（1 片）

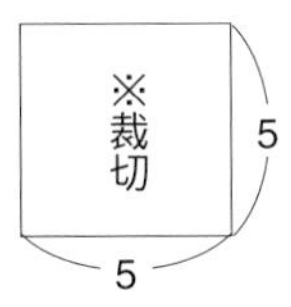

・布球用布（1 片）

※無實物尺寸紙型

◆ 製作方式

1

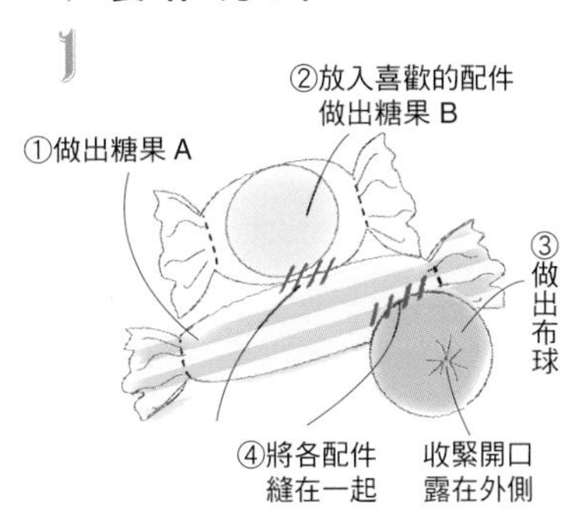

2

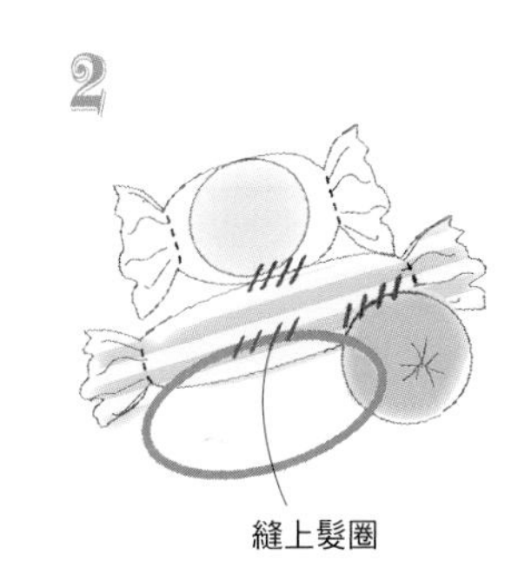

▶糖果 A 請參照 P82「no.2 布糖果」
B 為 P82「no.1 薄紗糖果」
布球請參照 P83「no.3 布球」

其他髮飾

no.1 輕柔蝴蝶結包法的髮飾

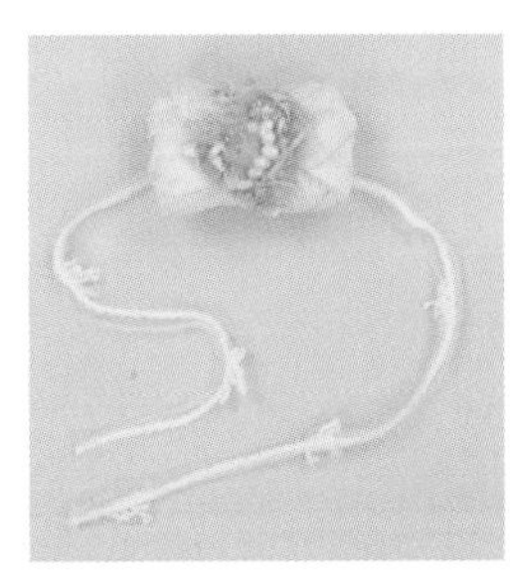

◆ 材料

- 本體用布 10×5cm
- 直徑 0.3cm 橢圓形
  仿珍珠 6 顆
- 裝飾用穗帶、
  毛線（馬海毛）適量
- 蕾絲繩 40cm
- 手工藝棉適量

・本體用布（1 片）

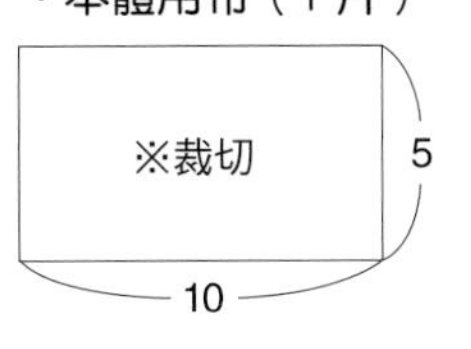

※無實物尺寸紙型

◆ 製作方式

1

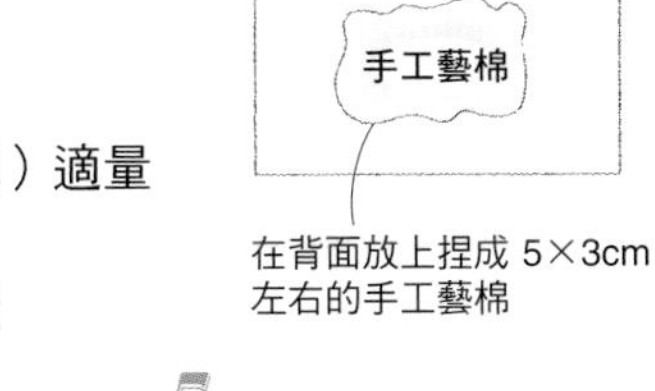

2

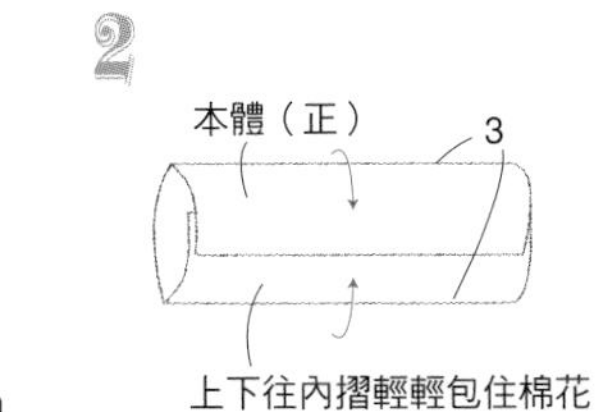

3

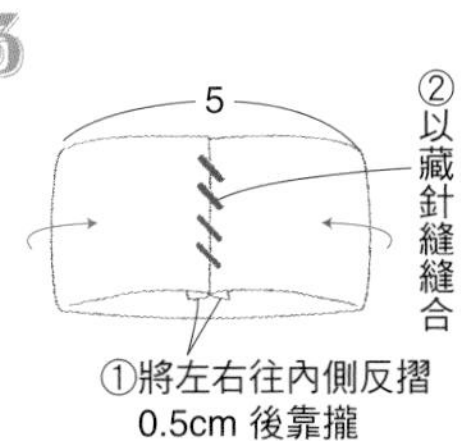

4

5

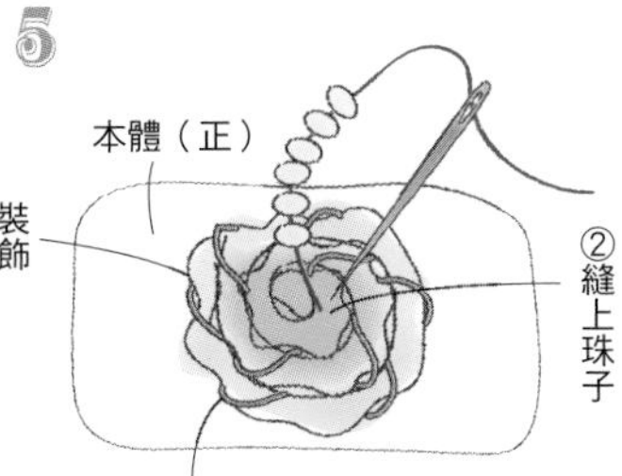

6

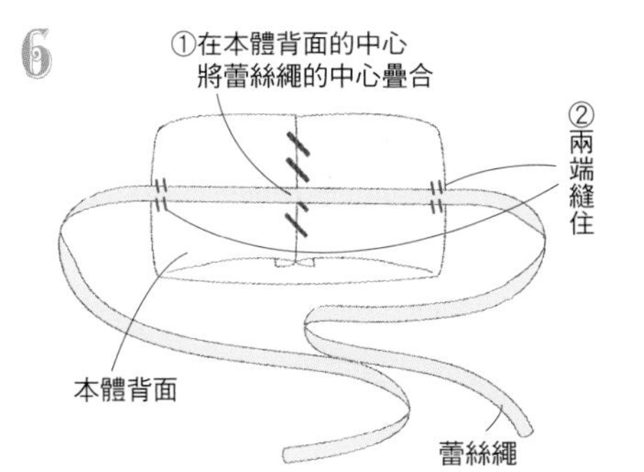

no.2　三角與布球的髮箍

◆ **材料**

- 髮箍用布 30×30cm
  ※使用超薄布料
- 立體三角配件用布、
  布球用布各 5×5cm
- 1.3cm 寬三角型配件 1 個
- 手工藝棉適量

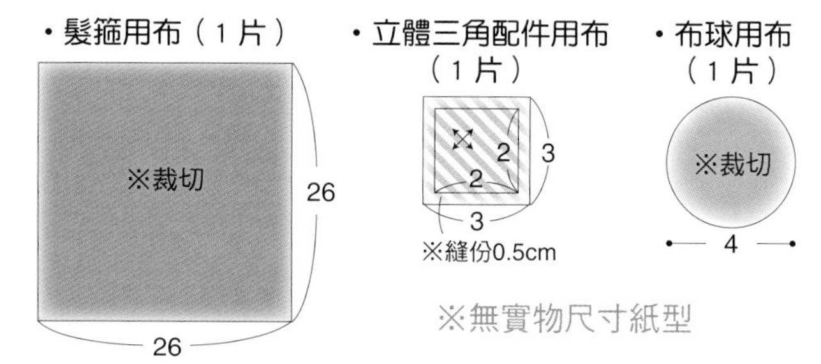

◆ **製作方式**

1

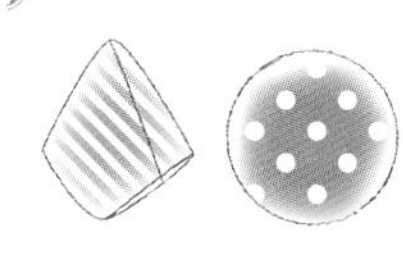

做出立體三角配件和布球

▶立體三角配件請參照 P78「no.1 立體三角提包」（步驟 4 以外，製作時不需要加繩子）、布球請參照 P83「no.3 布球」

2　3

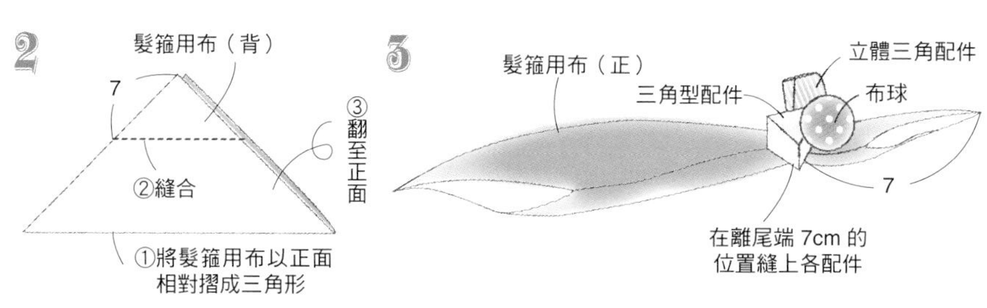

no.3　包釦髮箍

◆ **材料**

- 包釦用布 10×10cm
- 直徑 0.8cm 仿珍珠 1 顆
- 直徑 2.7cm 包釦工具 1 組
- 薄紗 25×10cm

※無實物尺寸紙型
※包釦工具可在材料店等處購入
※包釦用布照工具附的紙型裁切也 OK

◆ **製作方式**

1

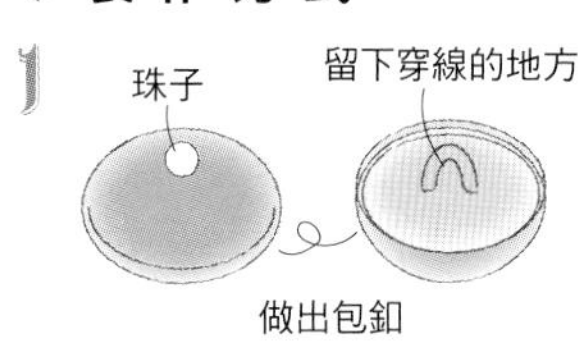

做出包釦

2

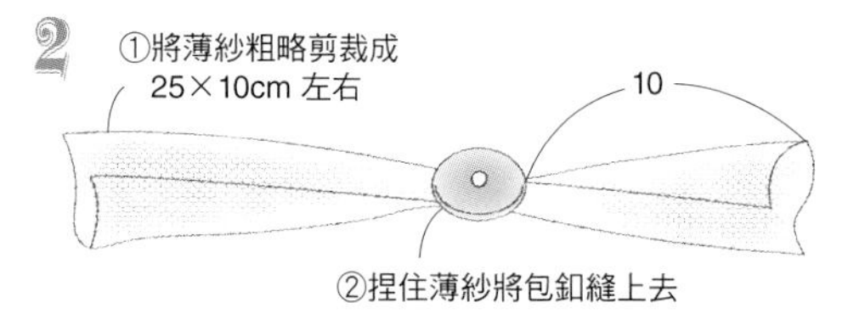

no.4　蛇腹髮飾（Blythe 專用）

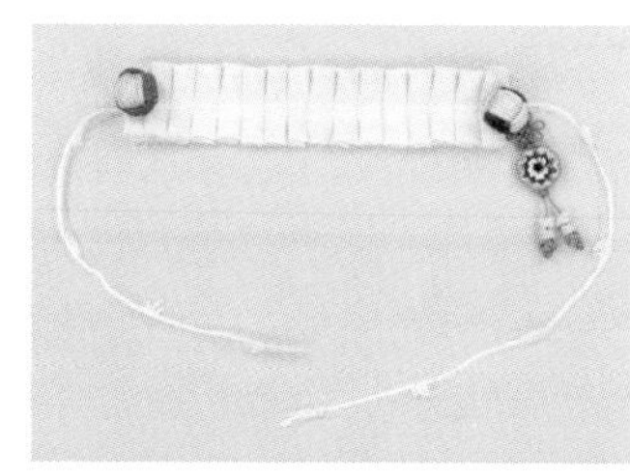

◆ **材料**

- 本體用布 5×65cm
- 猴拳結 2 顆
- 市售的韓國風飾品 1 個
- 蕾絲繩 50cm

※紙型為附錄 A

◆ **製作方式**

1

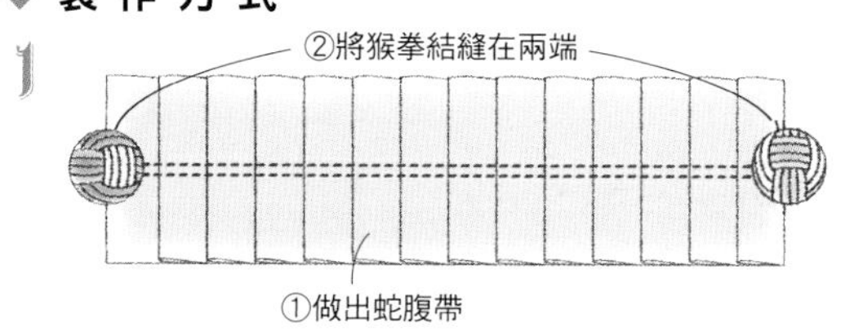

▶本體與 P46「蛇腹帶」在尺寸、製作方式上相通
猴拳結請參照 P83

2

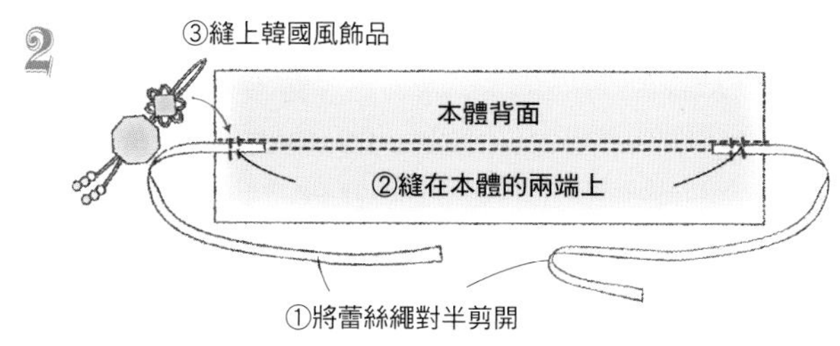

飾品 Lesson

此處收集了一些能夠簡單做出來的東西。
講究配件的顏色及形狀做出可愛的成品吧！

no.1　2way 珍珠飾品

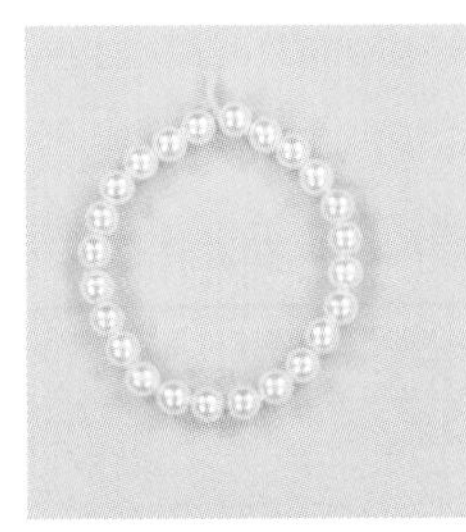

※繞 1 圈為項鍊，
繞 2 圈為手環。

◆ 材料

- 直徑 0.2cm 仿珍珠 24 顆
- 透明橡膠線

◆ 製作方式

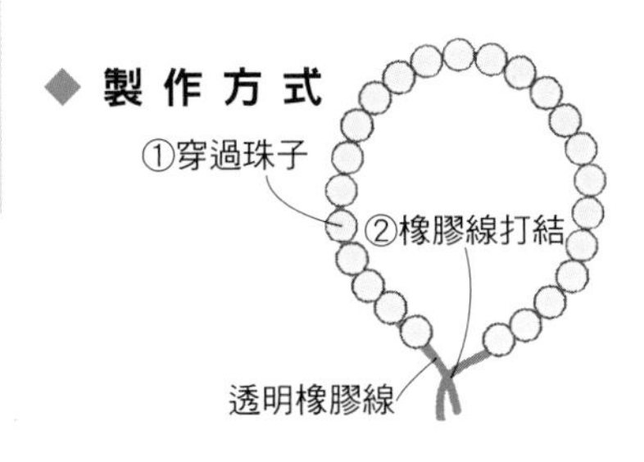

no.2　捷克珠項鍊

◆ 材料

- 直徑 0.8cm
  捷克珠 3 顆
- 長度 0.9cm
  橢圓形珠子 1 顆
- 花式線 20cm

◆ 製作方式

讓珠子穿進繩子
後綁起來。

no.3　珍珠項鍊

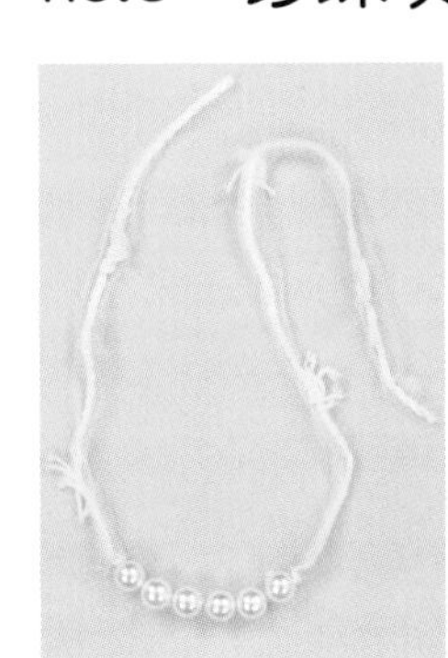

◆ 材料

- 直徑 0.6cm 仿珍珠 6 顆
- 刺繡線（銀金蔥）10cm
- 蕾絲繩 25cm

◆ 製作方式

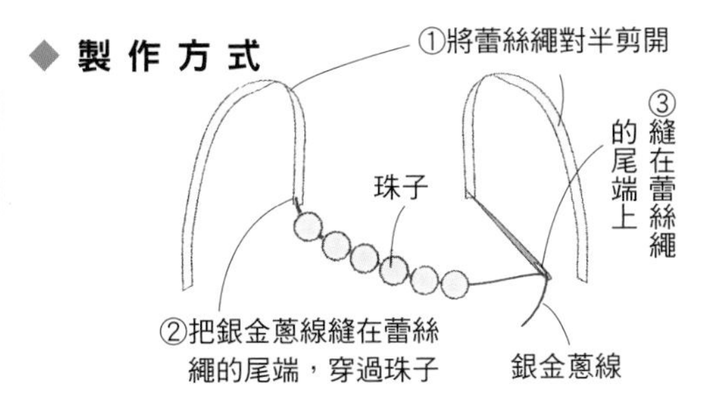

花飾項鍊

◆ 材料

- 直徑 2cm 人造花適量
  ※無花蕊
- 直徑 0.1cm
  蠟線 30cm

◆ 製作方式

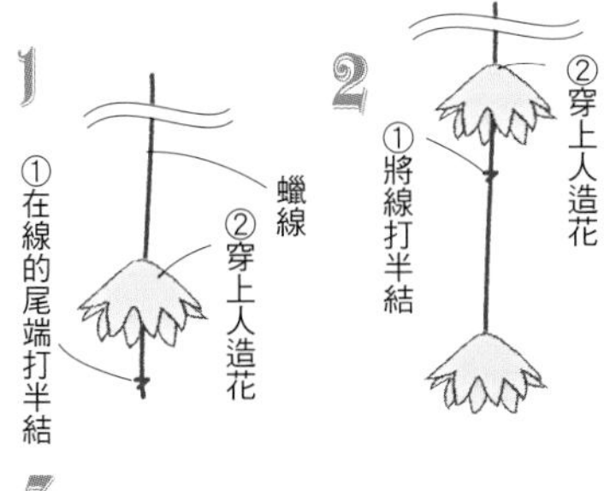

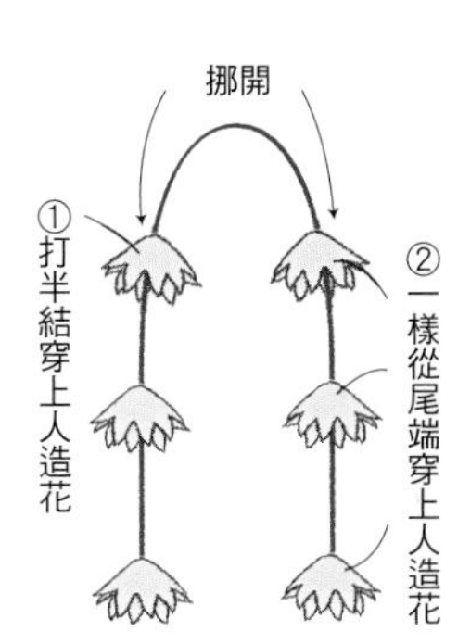

no.5　流蘇風項鍊

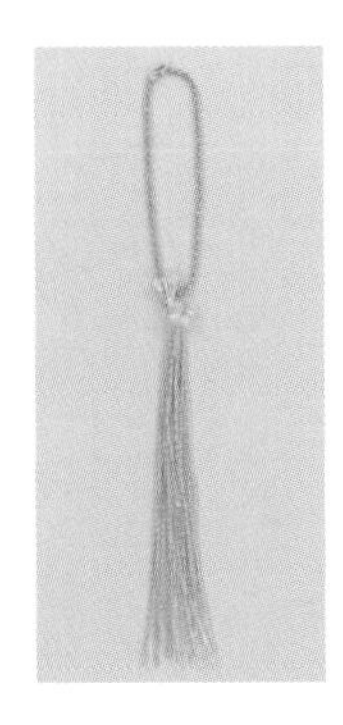

◆ 材料

- 長度 12cm
  珠鍊 1 條
- 刺繡線（銀金蔥）適量
- 直徑 2cm 珠子
  3 顆

◆ 製作方式

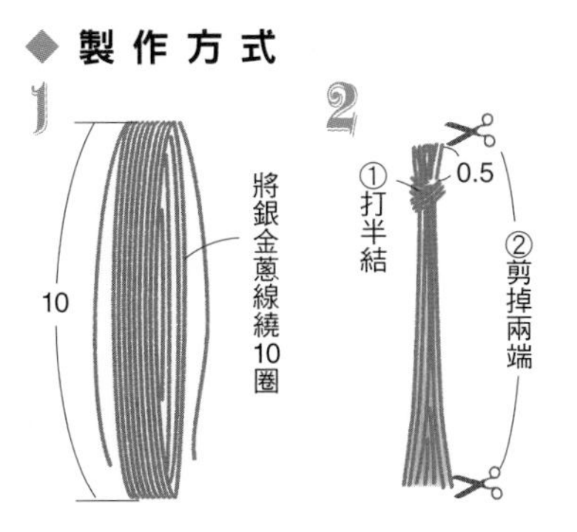

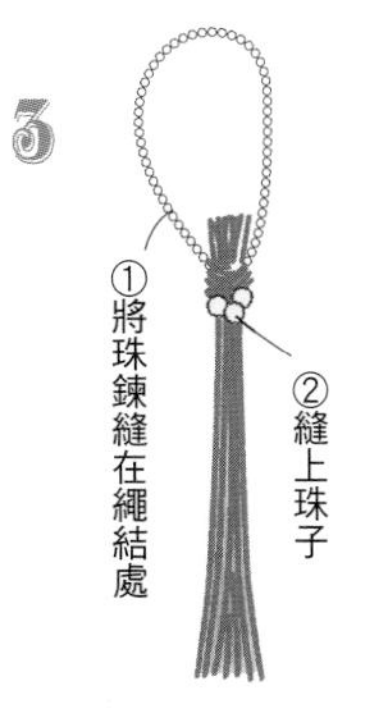

其它小物 Lesson

手套及網襪等，讓和風穿搭很摩登的物品。

no.1 黑蝴蝶結手套（S～L 尺寸）

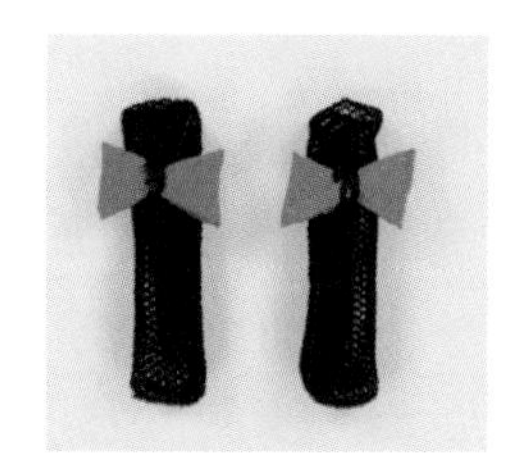

◆ 材料

- 手套用布 10×5cm
  ※使用絲襪布料
- 1.5cm 寬的蝴蝶結飾品 2 個

※紙型在 93 頁

・手套用布（2 片）

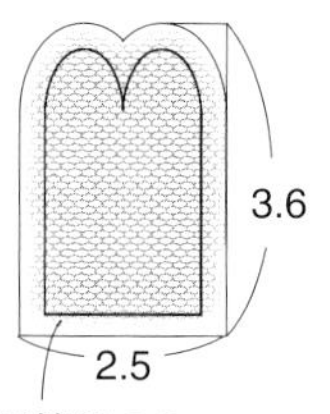

◆ 製作方式

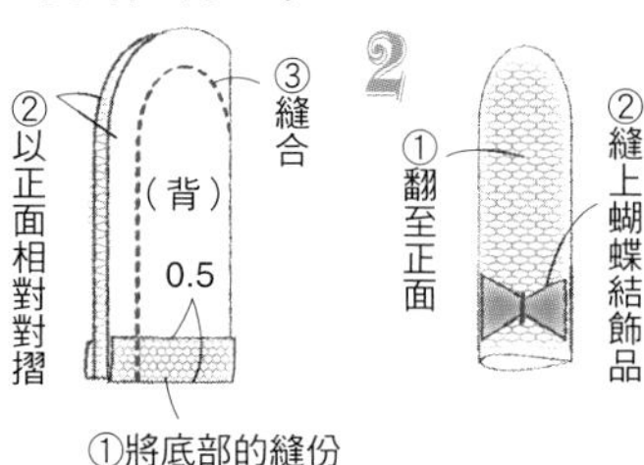

no.2 白蕾絲手套（S、M／L 尺寸）

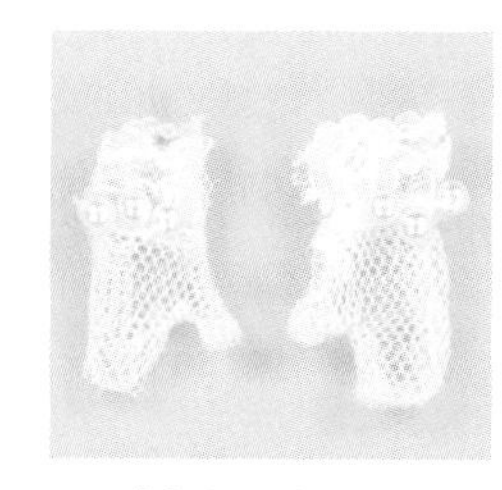

◆ 材料

- 5cm 寬的蕾絲 15cm
- 直徑 0.3cm 仿珍珠 6 顆
  ※L 尺寸的無珠子

※紙型在 93 頁

◆ 製作方式

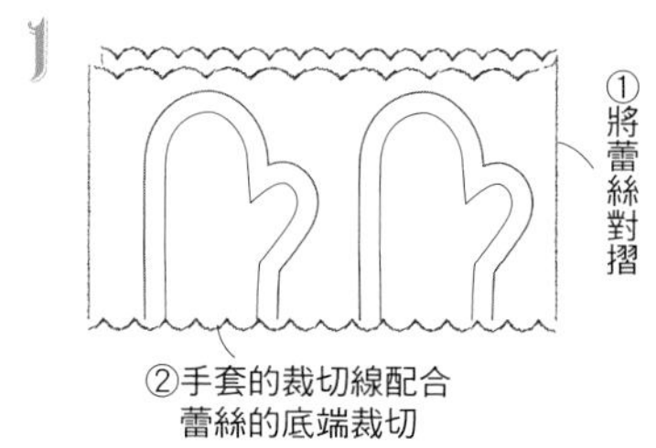

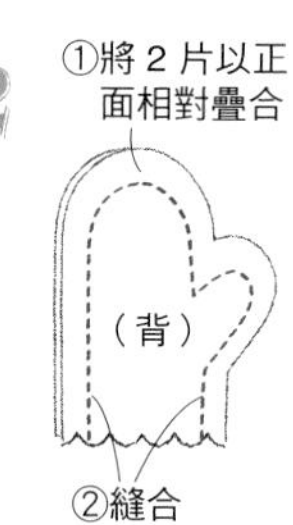

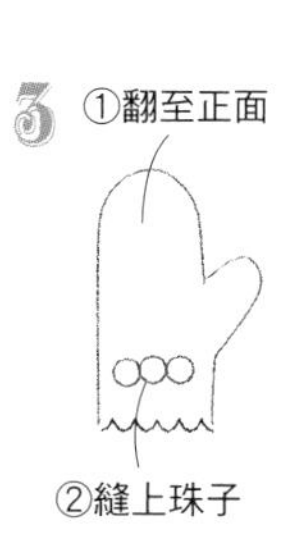

no.3 網襪（M EXcute 專用）

◆ 材料

- 薄紗 15×15cm

※紙型在 93 頁

・網襪用布（2 片）

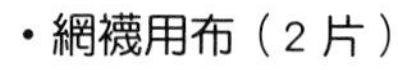

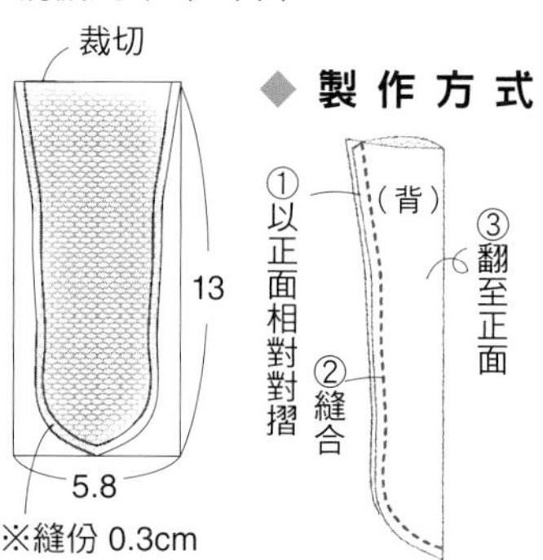

◆ 製作方式

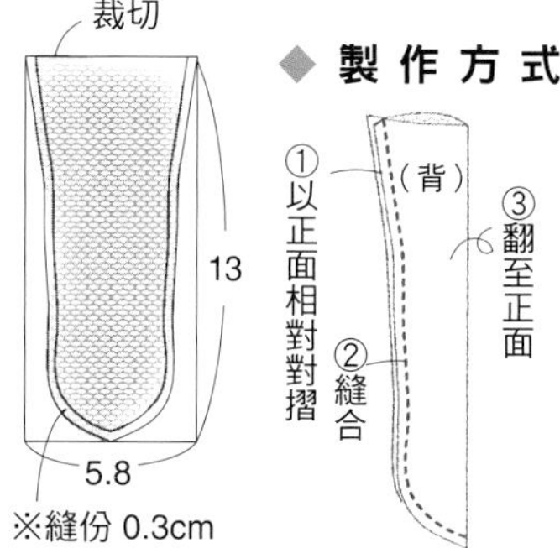

no.4 袖套（S～L 尺寸）

◆ 材料

- 5cm 寬的蕾絲 10cm

※紙型在 93 頁

・袖套用布（2 片）

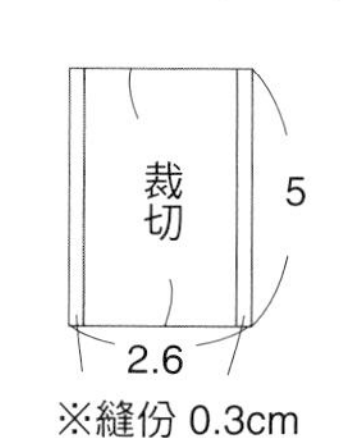

◆ 製作方式

1 上下的裁切線配合蕾絲的兩端裁切

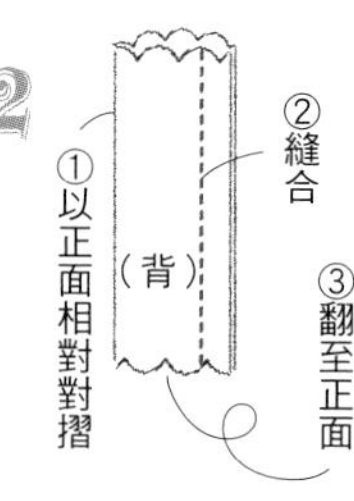

no.5 蕾絲披肩

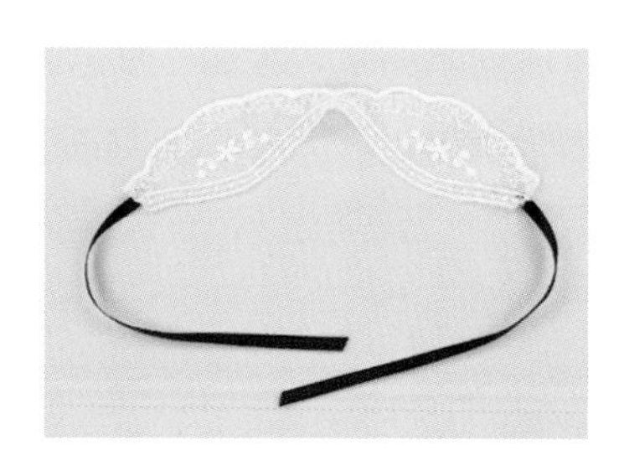

◆ 材料

- 4cm 寬的蕾絲 10cm
- 0.5cm 寬的色丁緞帶 35cm

◆ 製作方式

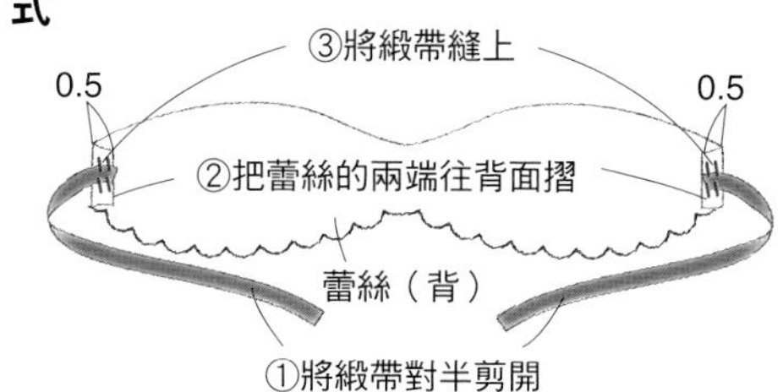

其它紙型

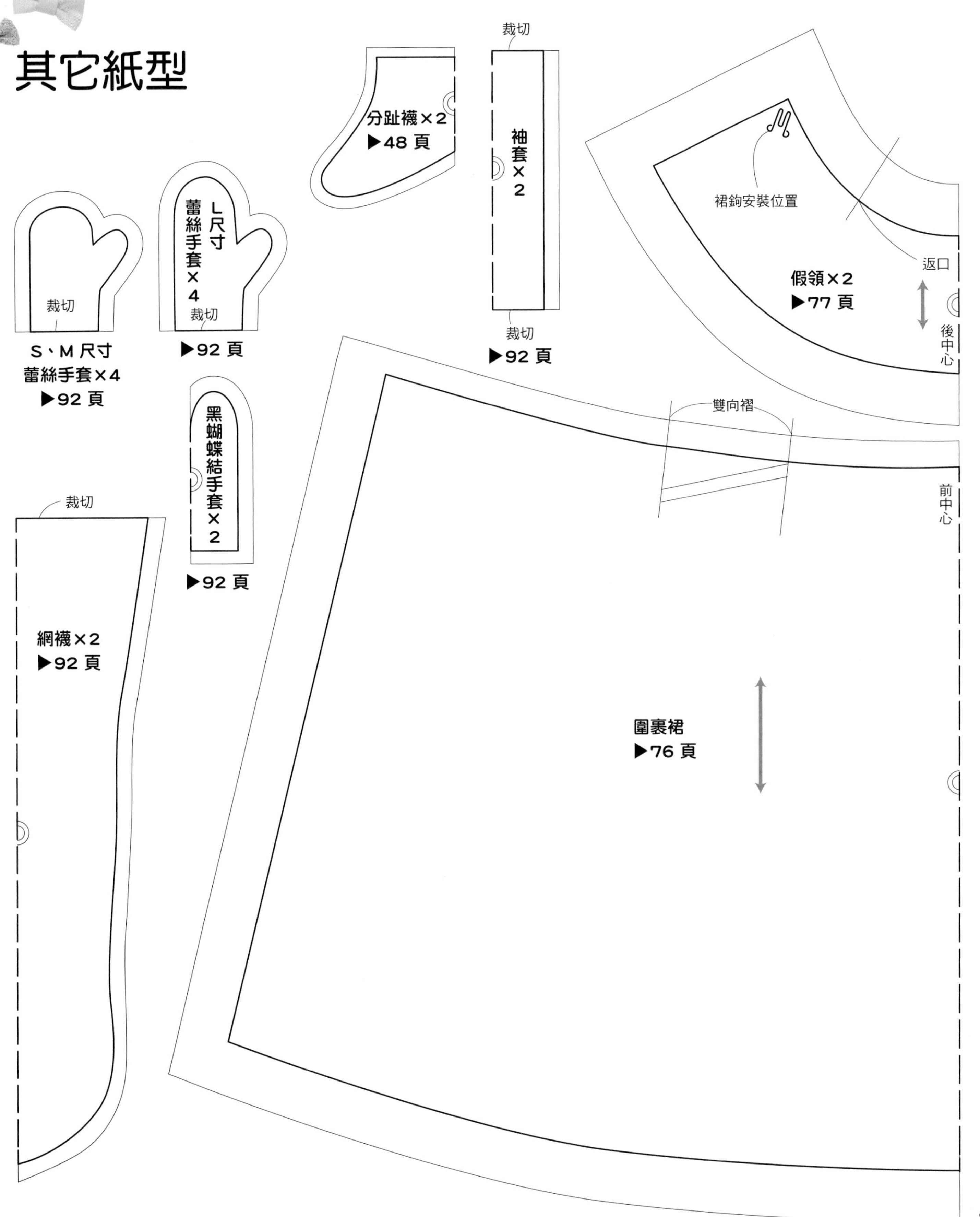

分趾襪×2
▶48 頁
裁切
袖套×2
裁切
▶92 頁
裙鉤安裝位置
返口
假領×2
▶77 頁
後中心
裁切
S、M 尺寸
蕾絲手套×4
▶92 頁
L尺寸
蕾絲手套×4
裁切
▶92 頁
黑蝴蝶結手套×2
▶92 頁
雙向褶
前中心
裁切
網襪×2
▶92 頁
圍裹裙
▶76 頁

INFO

介紹為本書提供協助的人們。

chimachoco 很常光顧，能找到很棒的布及配件的店家。

歐洲洋裝布料 HIDEKI

架上陳列許多海外少見的布料、碎布、蕾絲等物，能以挖寶感覺開心地找東西的布料行。

〒 543-0036
大阪府大阪市天王寺區小宮町 9-27
營業時間 10:00～18:00
※只營業週四～週六（節日除外）
☎ 06-6772-1405
http://www.rakuten.co.jp/hideki/

古布 OZAKI

以上等的古典和服布料為主，能用在人偶或工藝品上的古布、碎布等品項豐富又齊全，還能找到可愛的和風傳統小物。

總店
〒562-0035
大阪府箕面市船場東 1-10-9
箕面兄弟大樓 411
☎ 072-729-9127
http://www.kofuozaki.com

nitte

海外的古典織物、古老布料、鈕釦、織帶等品項很豐富的店。色彩繽紛又令人心跳加速，塞滿那種復古式可愛的店家。

〒662-0834
兵庫縣西宮市南昭和町 8-5
☎ 0798-66-3229
營業時間 11:00～19:00
http://www.nitte-manon.com

韓國雜貨 KOKOREA

我在此購入韓服的裝飾配件。陳列著五顏六色又品味高尚的韓國雜貨。

〒537-0024
大阪市東成區東小橋 3-15-9
（鶴橋商店街 7 班路）
營業時間 10:00～18:00
每週三公休
http://store.shopping.yahoo.co.jp/kokorea

能參考穿搭的店家

豆千代摩登新宿店

讓少女心騷動，時尚又摩登的款式是和服女性的憧憬。肯定可以拿來參考。不定期也會販賣 chimachoco 製作的小物。

〒160-0022
東京都新宿區新宿 3-1-26 新宿丸井 ANNEX 6F
☎ &Fax 03-6380-5765
營業時間平日 11:00～21:00／例假日 11:00～20:30
http://mamechiyo.jp

有刊登作品的作家

mel（人偶作家）

與 chimachoco 舉辦合作企劃，大家都很熟悉的人偶作家 mel 小姐。為了本書她特別製作 mel 兔和熊。
instagram→melmelmeelme
http://www.melmelmeelme.com

pivoine（花藝師）

替本書製作 P4 的 LiccA 頭上的花朵髮飾和捧花。也有經手室內花環、小物、婚禮的插花佈置。
instagram→pivoine877

DOLL INFO

介紹於本書登場的娃娃和娃娃製造商。

※於本書登場的娃娃為作者個人的私物或商借之物，也有經過作者改造及結束販賣的娃娃（請不要去詢問各製造商）。

Blythe

當 M 尺寸的模特兒登場於 P24
http://www.blythedoll.com/
http://shop.juniemoon.jp/

Doran Doran

當 S 尺寸的模特兒登場於 P22、55
instagram→atomarudoll
http://m.blog.naver.com/clayer

EXcute

當 M 尺寸的模特兒登場於 P14、16、49、61～63、66～68、77 ※使用「Chiika」
http://www.azone-int.co.jp/index.php?sid=exc000

Shion & Jenny

當 L 尺寸的模特兒登場於 P20、48
http://liccacastle-shop.com/

Licca

當 M 尺寸的模特兒登場於封面、P1、4、12、27、33、39、47、48、72、73、75
※P4 使用 LiccA（Olive peplum 款式）
http://licca.takaratomy.co.jp/
http://licca.takaratomy.co.jp/stylishlicca/
http://liccacastle-shop.com/

Mini Sweets Doll

當 XS 尺寸的模特兒登場於 P18、49、74
http://doll.shop-pro.jp/

momoko Doll

當 L 尺寸的模特兒登場於 P10、70、78
http://www.momokodoll.com/
http://www.petworks.co.jp/doll/

ruruko

當 S 尺寸的模特兒登場於 P8、71
http://www.petworks.co.jp/doll/

Tiny Betsy McCall

當 S 尺寸的模特兒登場於 P6
※使用古典娃娃

profile

chimachoco

手工藝作家。由畢業於大阪藝術大學設計系的築山由美子和經營裁縫業的母親石原育代所組成的母女搭檔。從 2004 年起製作重視少女心和玩心的手工娃娃服、布製小物、飾品，在書籍、雜誌、活動、網路販賣等處活躍，還有在工作坊擔任講師。

staff

書籍設計
橘川幹子

攝影
山本和正

協力
AZONE INTERNATIONAL
Cross World Connections
Clover 股份有限公司
Sekiguchi
TAKARA TOMY
PetWORKs
Atomaru
DOLLCE

步驟頁／製作方法頁（製圖・插畫）
爲季法子

企劃・編輯
長又紀子（Graphic 公司）

specialthanks

Kaemi , Kim Yeon Hyeong,
OmugiKomugi-Onoderasan,Tamako,
Teriasan,Mayuwochan,YanagidaNorikossi,
Taku,Riko,Akira,Mokuwoodworks
All Our Families and Friends. And You.

國家圖書館出版品預行編目（CIP）資料

浴衣造型：娃娃服裝穿搭與製作技巧 / chimachoco 作；張凱鈞翻譯. -- 新北市：北星圖書, 2019.04
面； 公分
ISBN 978-986-97123-6-1（平裝）

1.洋娃娃 2.手工藝

426.78　　108000299

浴衣造型：娃娃服裝穿搭與製作技巧

作　　者：chimachoco
翻　　譯：張凱鈞
發 行 人：陳偉祥
出　　版：北星圖書事業股份有限公司
地　　址：234新北市永和區中正路458號B1
電　　話：886-2-29229000
傳　　真：886-2-29229041
網　　址：www.nsbooks.com.tw
E-MAIL：nsbook@nsbooks.com.tw
劃撥帳戶：北星文化事業有限公司
劃撥帳號：50042987
製版印刷：皇甫彩藝印刷股份有限公司
出 版 日：2019年4月
I S B N：978-986-97123-6-1
定　　價：400元